KB169833

곤충은 대단해

곤충은 대단해

마루야마 무네토시

황미숙 옮김

까치

Konchu Wa Sugoi 昆虫はすごい

Munetoshi Maruyama 丸山宗利

Copyright © Munetoshi Maruyama, 2014

All rights reserved.

Original Japanese edition published by Kobunsha Co., Ltd.

Korean publishing rights arranged with Kobunsha Co., Ltd. through
EntersKorea Co., Ltd., Seoul.

이 책의 한국어판 저작권은 (주)엔터스코리아를 통해서 저작권자와 독점계
약한 (주)까치글방에 있습니다. 저작권법에 의하여 한국 내에서 보호를 받
는 저작물이므로 무단전재와 무단복제를 금합니다.

역자 황미숙(黃美淑)

경희대학교 국문과를 졸업하고 한국외국어대학교 통번역 대학원 일본어과 석사
를 취득했다. 현재 번역 에이전시 엔터스코리아의 출판 기획 및 일본어 전문 번
역가로 활동하고 있다. 주요 역서로는 『타임 콜렉터』, 『꿈을 디자인하다』, 『뇌와
마음의 정리술』, 『CEO켄지』, 『용기를 갖고 선두에 서라』, 『솔로몬의 개』, 『1일 15
분 활용의 기술』, 『요약력』, 『마음을 읽는 기술, 얻는 기술』 등이 있다.

곤충은 대단해

저자/마루야마 무네토시
역자/황미숙
발행처/까치글방
발행인/박종만
주소/서울시 마포구 월드컵로 31(합정동 426-7)
전화/02 · 735 · 8998, 736 · 7768
팩시밀리/02 · 723 · 4591
홈페이지/www.kachibooks.co.kr
전자우편/kachisa@unitel.co.kr
등록번호/1-528
등록일/1977. 8. 5
초판 1쇄 발행일/2015. 7. 30

값/뒤표지에 쓰여 있음

ISBN 978-89-7291-591-1 03490

이 도서의 국립중앙도서관 출판예정도서목록(CIP)은 서지정보유통지원시스템 홈페이지
(http://seoji.nl.go.kr)와 국가자료공동목록시스템(http://www.nl.go.kr/kolisnet)에서 이
용하실 수 있습니다. (CIP제어번호 : CIP2015019785)

차례

편집 협력 : 江渕眞人(コーエン企画)

사진 : 有本晃一, 岩淵喜久男, 奥山淸市, 亀澤洋, 小松貴, 島田拓, 杉浦真治, 鈴木格, 長島聖大, 林成多, Rodrigo L. Ferreira, Alex Wild.

화보 6페이지 출전 :『뽈매미』(丸山宗利 著, 幻冬舍)

* 특별한 표기가 없는 것은 저자가 촬영한 것이다.

프롤로그

  인간의 조상 호모 사피엔스 중에서 일부는 약 10만 년 전에 자신의 발상지인 아프리카를 떠났다. 가는 곳마다 사회집단을 형성하며 유라시아 대륙을 횡단했고 아메리카 대륙으로 건너갔으며, 1만 년 쯤 전에는 남아메리카 대륙의 남단에까지 도달하여 거의 전 세계로 서식지를 넓혔다.

  그후 인간은 문명이 발달하면서 최근 몇백 년 동안에는 개체수가 급격히 증가했다. 지금 인간은 지구의 자연환경에 가장 큰 영향력을 미치는 생물이다. 그러나 그런 인간도 셀 수 없을 만큼 많은 생물 종들 가운데 하나에 불과하다.

  이 책의 주인공인 곤충(昆蟲, insect)은 알려진 것만 해도 세계적으로 100만 종(種, species)이나 되는데, 지구에서 살아가는 생물 종의 대부분을 차지한다.

  우리는 '벌레 같은 인간'이라는 말로 곤충을 하찮게 여겨왔지만, 사실상 개개의 능력을 놓고 보면 사람과 동등하거나 훨씬 뛰어난 것들도 많다.

  이 책은 다양성을 가지고 번영을 누리는 곤충을 대상으로 곤충의 흥미로운 생활과 행동에 대해서 소개한다. 그 대단하고 놀라운 양상을 이 책 한 권만으로 충분히 표현하기는 어렵겠지만, 일부는 알 수 있을 것이라고 믿는다.

아마도 독자들은 인간이 문화적인 행동으로서 행한 것이나 문명에 의해서 이룩한 주요한 것들이 대개는 곤충이 먼저 했던 것들이라는 사실에 놀라움을 금하지 못할 것이다. 이 책은 그런 내용에 특히 주목하고 있다. 그런 것을 알면 알수록 우리는 곤충들 속에서 인간의 모습을 발견하게 된다.

곤충이 하는 대부분의 행동은 유전자에 새겨진 본능에 따라 발현된 것이다. 즉 대개 학습을 통해서 이루어지는 인간의 행동과는 근본적으로 다르기 때문에 인간과 곤충을 비교하는 것에 비판적인 의견이 있을지도 모르겠다.

하지만 식욕과 성욕은 물론이고 돌발적인 행동이나 감정 같은 것을 보면, 인간은 평소에도 다분히 본능의 지배하에 행동하고 있으며, 생물로서의 생활에서도 언뜻 보기에 곤충 같은 '하등' 생물과 공통되는 부분이 꽤 많다는 것을 알 수 있다.

이 세상을 둘러싼 문제에 대한 여러 가지 평가와 대처는 보통 우리가 인간을 일개 생물이라고 생각하지 않아서 부자연스러워진 것들이 많다.

나는 사회학자도 평론가도 아니기 때문에 구체적인 방책에 대해서는 알지 못한다. 하지만 무엇인가를 할 때에 생물의 본질에 대한 이해가 결여된 판단을 하면, 좋지 않은 결과가 따르는 경우가 많다는 것을 알고 있다. 이 경우, 배경에 자리한 확신과 신념은 망상으로 여겨지기까지 한다.

이야기가 너무 커져버렸지만, 어쨌든 이 책에 등장하는 여러 곤충들을 통해서 '생물이란 이런 것이구나', 나아가서 '인간이란 이런 것이구나'라는 것을 알게 된다면, 조금은 겸허한 마음으로 인생의 파고를 헤쳐나갈 수 있지 않을까?

제1장

어떻게 이렇게 다양할까?

곤충의 다양성

지구는 곤충의 행성

오늘날처럼 지구가 인간과 인간이 만든 구조물에 의해서 점령된 것은 비교적 최근의 일로 1,000년에서 수백 년 사이에 벌어진 일이다. 지구 탄생(46억여 년/역주) 이후 전개된 생명의 역사(40억여 년), 나아가서 현재까지 알려진 대부분의 동물군의 역사(5억여 년)에 비하면, 참으로 '최근'의 일, 눈 깜빡하기 전의 일에 지나지 않는다.

만약 우리가 인구가 아직 희박했던 시대의 지구, 그중에서도 일본의 숲으로 탐험을 나선다면 어떤 인상을 받게 될까? 아마도 '왜 이렇게 곤충이 많지?', '어째서 이렇게 다양한 종류의 곤충이 있는 거지?' 하고 놀랄 것이다.

현대의 지구에서는 원생적인 환경(인간생활의 영향을 받지 않은 환경)이 거의 사라져버렸으며, 인간이 초래한 환경의 변화로 매일같이 많은 생물 종들이 멸종되고 있다. 곤충의 종 역시 세계적으로 감소하는 추세에 있기 때문에 도시에 살면서 곤충과 마주칠 기회도 점점 더 드물어지고 있다.

그러나 곤충의 잠재적인 다양성을 생각한다면, 사실 '지구는 곤충의 행성'이라고 해도 과언이 아니다. 그만큼 지구에는 엄청난 수의 곤충들이 번성하고 있다.

100만 종도 일부에 불과

현재 우리가 알고 있는 곤충의 종수는 100만 종이 넘으며 이는 지금까지 알려진 전체 생물(균류와 식물, 그밖의 동물 등) 종수의 절반 이상을 차지한다.[1][2] 특히 육상 환경에서는 곤충의 수가 압도적으로 많다.

게다가 100만 종이라는 숫자도 어디까지나 현재까지 알려진 종수에 불과할 뿐, 여전히 이름 없는 종과 발견되지 않은 종이 남아 있다. 연구자들에 따라서 견해가 다르지만, 실제로는 적어도 이미 알려진 곤충 종수의 2배에서 5배에 달하는 종이 서식하고 있다고 추측된다.

또 곤충은 그 개체수도 많아서 어느 열대지역을 조사한 결과, 개미의 생물량(바이오매스[biomass] : 그곳에 사는 전 개체를 모은 무게)이 육상의 모든 척추동물(포유류 및 양서류, 파충류 등)의 생물량을 훨씬 더 능가한다는 사실이 밝혀졌다(p.15의 그림 참조).[3]

참고로 일본에만도 3만하고도 수천 종의 곤충이 있다고 하는데, 실제로 그 정도 혹은 더 많은 미지의 종이 일본에 존재할 것이다(한국은 대략 12,000여 종에 이른다. 국가생물종지식정보시스템에서 인용함/역주). 따라서 '신종 발견'이라고 하면 언뜻 굉장한 것 같지만, 실상 그 자체는 그리 대단한 일도 아니다. 그보다는 그것이 정

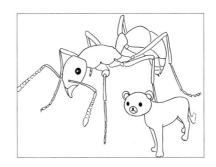

개미와 모든 척추동물의 생물량을
비교하여 일러스트로 나타낸 모습
(Hölldobler & Wilson, 1994에서 변형)

말로 신종인지 아닌지를 과학적으로 판정하는 일이 더 어렵다.

곤충이란 무엇인가?

몸의 구조

그렇다면 곤충이 지구에서 번성하는 이유는 무엇일까?

그에 앞서 곤충이란 무엇인가부터 알아보는 것이 좋겠다. 간단히 소개하겠지만 어렵게 느껴질 수 있으니, 여기서부터 제1장은 건너뛰고 제2장부터 읽어도 괜찮다.

우선 곤충은 동물(동물계)의 한 무리[群]이다. 그중에 절지동물문(게나 쥐며느리도 마찬가지) 곤충강이라는 분류군에 속한다.[*] 절지동물의 특징으로는 겉뼈대(외골격)를 들 수 있다. 말 그대로 몸의

---

[*] 생물을 분류하는 범주는 일반적으로 계(界, kingdom), 문(門, phylum), 강(綱, class), 목(目, order), 과(科, family), 속(屬, genus), 종(種, species)의 단계로 설정되며 각 단계 밑에는 아문, 아강, 아목, 아과, 아속, 아종 등과 같은 중간단계가 설정된다/역주

바깥쪽이 뼈대를 이루는 단단한 외피로 싸여 있고 그 안에 근육이 자리하고 있다. 식탁 위에 올라오는 게나 새우를 상상해보자.

인간을 포함한 척추동물은 부분부분의 중심에 뼈가 지나가고 그 주위에 근육이 붙어 있으므로, 그 점에서 보면 곤충은 척추동물과는 몸의 구조가 완전히 다르다.

그밖에 곤충을 정의할 수 있는 형태적인 특징은 몸이 크게 머리, 가슴, 배의 세 부분으로 나뉜다는 점이다(사진 1).

머리 부분에는 입(기본적으로 씹고 삼키는 기관)과 겹눈(홑눈도 있다), 더듬이가 달려 있다. 즉 머리에는 먹이를 섭취하기 위한 시각 등의 감각을 담당하는 기관이 존재한다.

가슴 부분은 구조상 세 마디로 나뉘며 각각의 마디에 다리가 달려 있으므로, 세 쌍, 곧 여섯 개의 다리가 있다. 또 대부분의 곤충은 가슴에 두 쌍의 날개가 달려 있다. 다시 말해서 가슴 부분에는 이동을 위한 기관이 자리하고 있다.

배 부분은 열 마디로 나뉘어 있으며 말단에 있는 배설기관, 산란기관, 생식기관을 담은 마디를 제외한 각각의 마디는 거의 같은 모양을 하고 있다. 배에는 소화기관의 주요 부분과 알, 정자 등이 차 있으며 각 마디의 옆에는 기문(氣門 : 氣孔이라고도 한다)이라는 호흡을 위한 구멍이 줄지어 있다. 즉 소화 흡수, 배설, 생식, 호흡을 위한 부분인 셈이다.

인간도 신체의 각 부분별로 다소 다른 기능을 가지고 있는데, 곤충 역시 이 점은 같아서 분절된 부분별로 기능이 뚜렷하게 나뉜다.

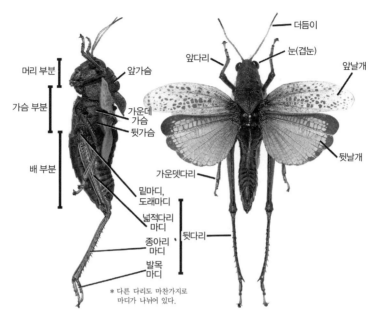

사진 1 메뚜기의 한 종인 *Romalea* sp.(멕시코)에 기초하여 그린 곤충의 몸의 구조 및 각 부분의 명칭

곤충이 아닌 벌레

나는 종종 거미가 곤충이냐는 질문을 받는다. 거미는 다리가 여덟 개이고 곤충의 머리와 가슴 부분에 해당하는 마디가 결합되어 한 마디로 되어 있으므로, 앞에서 설명한 기본적인 곤충의 구조와는 전혀 다르다. 거미는 거미강이라는 다른 강에 포함된다.

지네(사진 2)에 대해서도 똑같은 질문을 받는데, 지네 또한 각 마디에 한 쌍씩 모두 수십 개의 다리를 가지고 있으므로 곤충이 아니라 지네강에 속한다. 노래기도 각 마디에 두 쌍씩의 다리가 있으므

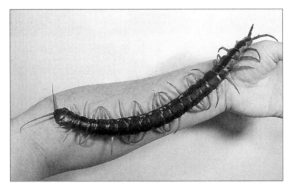

사진 2 왕지네의
한 종인 *Scolo-*
pendra sp.(말레이
시아). © 시마다
다쿠

로 노래기강에 속한다.

이러한 기본적인 몸의 구조를 체제(體制)라고 한다. 이는 생물의 큰 분류군을 특징짓는 데에 중요한 정보이다.

옛날에 '벌레[蟲]'라고 하면 물고기와 새와 포유류를 제외한 거의 모든 생물을 가리켰다. 지금은 그런 의미가 없어졌지만, 곤충을 비롯해서 거미나 지네까지도 전부 '벌레'라고 부르는 경우는 아직도 많다. 그런 점에서 거미나 지네는 '곤충이 아닌 벌레'라고도 할 수 있을 것이다.

참고로 애벌레(나비나 나방의 유충)에는 다리가 많을 것이라고 생각하는 사람도 있을지 모르겠다. 그러나 애벌레는 앞쪽에만 세 쌍의 진짜 다리가 있고, 뒤쪽의 것은 배다리와 꼬리다리이다(사진 3). 이것들은 식물에 매달리기 위해서 다리의 기능을 하는 돌기로 유충시절에만 존재한다.

평소에 곤충에 별로 관심이 없는 사람들은 실물을 자세히 관찰하지 않은 경우가 대부분이어서 곤충의 정의를 설명하기가 쉽지 않다.

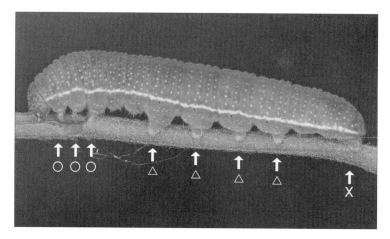

사진 3 뿔나비의 유충 : 왼쪽이 머리 부분이고 O표시를 한 것이 진짜 다리, △표시를 한 것이 배다리, ×표시를 한 것이 꼬리다리이다.

나는 늘 헷갈리기 쉬운 곤충을 열거하고 "쥐며느리, 지네, 노래기, 거미, 진드기, 전갈 이외의 것은 대개 곤충이라고 생각하세요. 민달팽이나 달팽이는 완전히 다른 생물입니다. 조개의 친구들이라고 보면 되지요"라고 이야기한다.

다양성의 비밀

중요한 것은 비행과 변태

다시금 원래의 질문으로 되돌아가자. 어떻게 곤충은 이렇게 다양한 것일까?

사실 이것만으로도 두꺼운 책 한 권을 쓸 수 있을 만큼 많은 이야기가 있지만, 여기서는 간단히 설명하겠다.

이에 관한 이야기를 하기에 앞서 주목해야 할 곤충의 특징이 있는데, 바로 그들이 비행(飛行)과 변태(變態, metamorphosis)를 한다는 것이다. 물론 날지 못하거나 변태를 하지 않는 곤충도 있지만, 그들은 극히 소수일 뿐이고 대부분의 곤충은 성충이 되면 하늘을 날고, 성장 과정에서 변태를 한다(사진 4).

구체적으로 말하면 99퍼센트의 곤충(그중에는 진화의 결과로 날개를 잃은 것도 있다)은 비행을 하며, 80퍼센트 이상의 곤충은 완전 변태(完全變態, complete metamorphosis)를 한다. 완전 변태란 유충에서 번데기의 기간을 거쳐 전혀 다른 모습의 성충이 되는 것을 말한다. 나비를 떠올리면 이해하기가 쉬울 것이다.

완전 변태에 비해서 매미나 메뚜기처럼 유충이 커진 다음에 마지막으로 허물을 벗고 날개가 생겨 그대로 성충이 되는 것을 불완전 변태(不完全變態, incomplete metamorphosis)라고 한다. 그리고 날개가 없는 원시적인 곤충인 좀처럼 성장에 따라 나타나는 성(性) 성숙 이외에 일체의 변태를 하지 않는 것을 무변태(無變態, ametaboly)라고 한다.

곤충의 경우에는 무변태가 가장 원시적인 상태이다. 그것에서부터 날개를 가진 곤충들이 나왔고, 나아가서 변태라는 생활사를 가지는 방식으로 진화되었다.

인간은 고대부터 하늘을 날기를 꿈꿔왔다. 지금이야 비행기나 헬리콥터 등으로 꿈의 절반은 이루었지만, 본래 동경하던 대상은 새

사진 4 알에서 부화한 후의 곤충의 변태 : 위에서부터 좀의 한 종인 *Ctenolepisma villosa*(무변태), 풀무치(불완전 변태), 호랑나비(완전 변태). © 나가시마 세이다이

였다. 이는 로마 신화에 등장하는 사랑의 신 큐피드가 새의 날개를 달고 파닥거리며 나는 모습을 그린 그림이나 그리스 신화의 이카루스가 새와 똑같은 날개를 만들어 날으려고 시도했다는 이야기에서도 드러난다.

그러나 비행하는 생물의 역사에서 본다면 새는 비교적 신참에 속한다. 새 이전에는 익룡(翼龍)이 하늘의 세계를 지배했으며,[4] 그보다 훨씬 더 옛날, 적어도 익룡보다 1억 년도 더 전에는 곤충이 이미 하늘을 날아다니고 있었다.[5][6] 즉 곤충은 최초로 지구에서 하늘로 활동의 장소를 넓힌 생물이었다.

최초의 하늘 정복자

앞에서 이야기했듯이, 대부분의 곤충이 날 수 있다는 점에서 비행이 곤충의 다양성에 많은 영향을 주었다는 사실은 부인할 수 없다. 그렇다면 구체적으로 어떤 영향을 주었을까?

그 첫 번째는 비행을 통해서 생활권을 넓힌 것이라고 하겠다. 작은 생물이 걸어서 이동할 수 있는 거리는 얼마 되지 않는다. 반면에 비행은 지면의 수평방향으로 장거리 이동을 가능하게 했을 뿐만 아니라, 나무나 산 위처럼 수직방향의 이동도 가능하게 했다. 날아서 다양한 생활환경으로 이동하고 적응한 것이 곤충을 다양하게 만든 요인이 된 셈이다.

또 날아서 천적으로부터 쉽게 도망가거나 유전적으로 먼(근친이 아닌) 배우자와 쉽게 만날 수 있었다.

어디 그뿐인가? 날기 위해서 곤충의 진화한 날개는 그 색채로 인해서 자신의 몸을 은폐하는 효과도 생겼고(풀과 비슷한 형상을 한 메뚜기의 날개 등), 독성을 주위에 알리는 경고색의 효과도 냈으며 (독을 가진 나비의 현란한 색의 날개 등), 또 충격이나 건조함을 피하는 등딱지의 역할을 하기도 하며(딱정벌레의 단단한 날개 등) 진화했다. 이렇듯 날개의 진화는 날아다니는 수단으로서뿐만 아니라 다양한 효과를 가지게 되었다.

경이로운 변신

다음으로 곤충의 다양화에 큰 영향을 준 것은 변태이다. 변태란 곤충이 성장하는 과정에서 모양이 변화하는 것인데, 변신이라고 생각하면 된다.

특히 장수풍뎅이나 나비 같은 완전 변태 곤충은 변신이 두드러지게 나타난다. 알에서 부화한 유충은 거듭 허물을 벗으며 성장하는데, 성장도 이동도 하지 않는 번데기를 거쳐 성충이 되는 것이다. 유충과 성충의 모습이 전혀 다르다는 것이 완전 변태 곤충의 특징이다.

생물의 모습은 반드시 어떤 의미를 가진다. 모습이 다르다는 것은 대부분 생활방법에 차이가 있음을 뜻한다. 즉 완전 변태 곤충은 일부 예외를 제외하면 유충일 때와 성충일 때의 생활방법과 서식지가 완전히 다르다.

많은 사람들에게 익숙한 곤충인 나비의 생활을 떠올려보면 이해하기 쉽다.

식물에 자리잡은 알에서 부화한 유충(잎벌레나 털벌레)은 오직 식물을 먹으며 자란다. 마치 먹으려고 태어난 기계처럼 천적이나 경쟁자에 대한 대처와 이동 이외에는 그저 먹고 가끔 쉬는 것을 반복할 뿐이다. 그리고 번데기가 되는데, 번데기 안에서는 성충으로 변신하기 위해서 몸의 구조가 크게 달라진다.

곤충은 허물을 벗으면서 성장하지만 단순히 그것만으로는 몸의 구조를 크게 바꾸기가 어렵다. 따라서 번데기라는 '몸의 구조를 개조하는 공장'과도 같은 기간을 거쳐야 하는 것이다. 유충에서 번데기로 바뀔 때의 변화도 두드러지지만, 번데기 안에서도 또 달라져서 성충이 되어 나온다.

성충은 태어난 장소를 떠나서 꽃의 꿀을 빨며 영양을 축적하고 이성과 만나서 짝짓기를 한다. 그리고 암컷은 알을 낳는다. 성충이 되면 먹이를 일체 먹지 않고 짝짓기와 산란을 단시간에 끝낸 후 죽는 곤충도 적지 않다. 즉 성충의 가장 기본적이고도 중요한 역할은 번식행위라는 것을 알 수 있다.

완전 변태 곤충의 생활사를 요약하면, 유충은 먹이를 먹고 커지기 위한 기간, 번데기는 두드러지게 변신하기 위한 기간, 성충은 번식하기 위한 기간이다. 식물에 빗대면, 유충은 싹이 나고 자라는 기간, 성충은 꽃과 종자를 생산하는 기간인 셈이다.

변태와 다양성

그렇다면 어째서 이런 변태가 곤충의 다양성에 영향을 주었을까? 해답은 유충과 성충의 서식환경의 차이에서 찾을 수 있다. 유충과 성충이 '분업하는' 것, 그리고 생활환경을 바꾸는 것에 의미가 있다.

유충은 먹이가 풍부한 곳에서 먹는 데에 전념하여 확실하게 성장한다. 그리고 이것은 비행 능력을 가지게 되는 것과도 관련이 있다. 성충이 되면 다른 장소로 (대부분의 경우 날아서) 흩어지고 근친자가 없는 장소나 다른 더 좋은 서식환경에서 산란을 하기 때문이다.

이때 기존 생활환경과 다른 생활환경에 적응하게 되면, 그것은 새로운 종의 탄생으로 이어진다.

반대로 변태를 하지 않으면 어떻게 될까? 곤충 중에서 비행하는 쪽으로 진화하지 않는 것은 원시적인 곤충인데, 변태를 하지 않는 좀목이나 돌좀목 무리이다.

그것들은 이동 분산에 취약하여 유충과 성충이 같은 곳에서 살며 생활환경도 비교적 단조롭다. 따라서 모든 종이 비슷한 모습을 하고 있으며 종수도 적다. 이러한 사실은 비행과 변태가 곤충의 다양성에 얼마나 큰 영향을 주는지를 여실히 보여준다.

진화

오늘날의 생물 다양성은 다양한 환경에 의해서 분산과 '적응'이 반복되면서 아득할 만큼 오랜 기간을 거쳐 성립되었다.

적응(適應, adaptation)이란 새로운 환경에서 살 수 있게 되거나 다른 먹이를 먹을 수 있게 되는 것을 뜻하는 '진화(進化, evolution)'라는 현상의 한 형태이다.

진화라는 말은 피카소의 화풍이 세월이 흐르면서 달라지는 것처럼 혹은 몇 년에 한 번씩 자동차의 차종이 바뀌는 것처럼 인공물의 변화에 사용되는 경우가 많지만, 생물학에서의 정의는 다르다.

진화에 대해서 간단히 설명해보겠다. 돌연변이(mutation)로 인해서 성질의 변화(유전자의 변이를 수반한다)가 발생하고 냉혹한 자연환경의 선별, 즉 자연선택(natural selection)을 통해서 생존에 유리한 성질을 가진 유전자가 살아남는다. 이것이 반복되면서 생물의 형태와 성질이 시간(세대 교체)과 함께 변화하는 것이 생물의 진화이다.

가령 어떤 나비가 이동한 곳에서 우연히 본래의 먹이가 아닌 다른 식물에 산란을 한다. 또 우연히 그 유충이 돌연변이 개체여서 새로운 식물을 먹으며 영양을 섭취한다. 성장을 하고, 다음 세대의 자손을 남기고, 그 자손도 돌연변이여서 그 식물에 잘 적응할 수 있게 된다. 이런 우연의 연속이 실제로 일어나는 것이다.

그 과정에서 해당 환경에 더 적합한 형태로 변화한 것이 사람의 눈에도 구별되는 '별종'의 곤충이다. 물론 진화는 형태뿐만 아니라 유전자 자체를 포함한 다양한 형질(形質)의 변화를 말하며, 반드시 사람이 육안으로 식별할 수 있는 변화만 일어난다고는 할 수 없다.

돌연변이가 발생할 확률, 그것이 생존에 유리할 확률, 또 그것을 빈복하는 데에 필요한 시간을 생각하면 아득할 정도로 긴 세월이 필요하다는 것을 알 수 있다. 특히 사람의 눈에 보이는 생물의 진화는 대개 몇십만 년, 몇백만 년의 단위로 일어난다.

또 최근에는 확률적으로 일어나는 유전자(유전자 빈도)의 변화야말로 진화의 바탕이며, 돌연변이와 자연선택과 잡종 형성과 같은 다양한 요인이 진화에 관여한다는 생각이 주류를 이루고 있다.

형태의 진화라고 해서 반드시 기능이 복잡해지는 방향으로만 전개되는 것은 아니다. 육상에서 수중으로 진화한 고래가 땅 위를 걷지 못하게 된 것처럼 무엇인가를 얻고 무엇인가를 잃는 경우도 있다. 동굴에서 서식하는 곤충이 시력을 잃는 '퇴화' 역시 진화의 한 가지이다.

진화적 사건

앞에서도 이야기했듯이, 오늘날의 곤충의 다양성은 날개와 변태 능력을 획득한 '대사건'을 배경으로 종이 반복적으로 분화하면서 성립되었다. 이런 대사건을 '진화적 사건'이라고 한다.

현재의 곤충은 연구자마다 세는 방식이 다르지만, 25-30개의 '목(目, order)'이라는 큰 단위의 분류군으로 나뉜다(다음의 표 참조). 그중에서도 특별히 비중이 큰 목이 몇 가지 있다.

가장 큰 목은 딱정벌레목인데 전 세계적으로 37만 종이 밝혀졌으며, 그 뒤를 이은 큰 분류군은 벌목, 파리목, 나비목으로 각각 약

표 곤충의 변태 양식과 목 일람

변태 양식	목	대표적인 과와 종의 일반 명칭
무변태	돌좀목	돌좀
	좀목	좀
불완전 변태	하루살이목	하루살이
	잠자리목	잠자리
	강도래목	강도래
	흰개미붙이목	흰개미붙이
	벌레목	대벌레, 잎벌레
	메뚜기목	메뚜기, 여치, 귀뚜라미, 꼽등이
	대벌레붙이목*	대벌레붙이
	민벌레목*	민벌레
	바퀴벌레목	바퀴벌레, 흰개미, 사마귀
	집게벌레목	집게벌레
	갈르아벌레목	갈르아벌레
	다듬이벌레목	다듬이벌레, 이, 굵는이
	총채벌레목	총채벌레
	노린재목	노린재, 매미, 말매미충, 멸구, 진딧물, 깍지벌레
완전 변태	뱀잠자리목	뱀잠자리
	약대벌레목	약대벌레
	풀잠자리목	명주잠자리, 풀잠자리, 뱀잠자리붙이
	딱정벌레목/갑충목	먼지벌레, 물방개, 반날개, 풍뎅이, 바구미 등
	부채벌레목	부채벌레
	벌목	벌(말벌, 꿀벌, 잎벌), 개미
	파리목	모기, 파리, 등에, 파리매
	밑들이목	밑들이, 각다귀붙이
	벼룩목	벼룩
	날도래목	날도래
	나비목	나비(팔랑나비, 네발나비 등), 자벌레나방, 밤나방, 멧누에나방, 누에

* 일본에 분포하지 않는 목

15~16만 종이 알려져 있나. 모두 완선 변태 곤충이며 이것늘만 합해도 이미 알려진 곤충 전체(100만 종)의 대부분을 차지하는 것을 알 수 있다.

이들 목은 각각 큰 진화적 사건을 겪었다. 딱정벌레목은 장수풍뎅이를 떠올리면 알 수 있듯이 단단한 윗날개를 얻었다. 덕분에 더 까다로운 기후를 견디고 포식자에게 강력하게 저항할 수 있게 되었으며, 다양한 환경에서 흩어져 살 수 있었다. 벌목은 다른 곤충에 기생할 수 있는 산란 형태를 얻었고, 파리목은 교묘한 비행 능력과 다양한 환경에 대한 적응 능력을 가졌으며, 나비목은 비늘가루[鱗粉]를 가진 날개를 얻음으로써 다양한 식물에서 흩어져 살 수 있었다.

불완전 변태 곤충이지만 노린재목도 약 8만 종으로 상당히 비중이 큰 분류군이다. 노린재목에는 노린재, 매미, 말매미충, 멸구, 진딧물, 깍지벌레 등이 포함된다. 주사바늘처럼 뾰족한 입을 식물에 꽂아서 즙을 빨아먹는 성질을 진화시켜 식물과 함께 다양해지게 되었다.

이처럼 각각의 목에서 일어난 크고 작은 진화적 사건이 곤충 전체를 다양하게 만들었다.

생물이 사는 목적

진화에 대해서 설명한 김에 생물학적으로 본래 우리 인간을 포함한 생물이 무엇을 위해서 사는지를 이야기해보자.

최근에 이 현상은 이기적 유전자(selfish gene)[7]라는 말로 집약되어 표현되는데, 개체는 유전자를 실어 나르는 운반체로서 그 유전자를 남기는 것이 지상 과제이다. 모든 생물이 오직 그것을 위해서 산다고 해도 틀리지 않으며, 생물을 둘러싼 모든 현상도 이것으로 설명된다.

적응도(適應度, fitness)라는 말도 있다. 번식력이 있는 자식을 남기는 능력을 가리키는 말인데, 이것의 정도가 개체의 진가를 결정하게 된다.

뒤에서 소개할 사회성 곤충처럼 다른 개체를 위해서 행동하는 개체도 있다. 그런 행위를 이타적 행동이라고 한다. 그러나 사실 그것도 그 개체와 혈연관계(경우에 따라서는 공통되는 유전자)가 있으면 자신의 적응도를 높이는 것이 되므로, 같은 목적으로 볼 수 있다.

이상의 이야기는 너무 노골적이고 무미건조하게 느껴지질 수도 있는 내용이지만, 생물을 냉정하게 관찰하려면 필요한 지식이라고 생각하기를 바란다.

제2장

정교한 생활

수확

식물과 곤충의 깊은 관계

인간이 채소, 과일, 곡류에 식생활의 많은 부분을 의존하듯이 헤아릴 수 없이 많은 생물들이 식물을 중요한 먹이로 삼고 있다. 먹을 수 있는 식물이 자라는 곳에서는 꽤 많은 양의 먹이를 안정적으로 확보할 수 있기 때문인데, 곤충도 예외는 아니다.

식물 중에서 지금은 속씨식물이라는 한 무리[郡]의 다양성이 두드러진다. 이끼 같은 원시적인 육상식물에서 양치식물이 생기고, 이것이 씨를 만드는 종자식물이라는 고등 식물로 진화했다. 종자식물은 은행 등의 겉씨식물과 그외에 대다수를 차지하는 속씨식물로 나뉜다. 종자가 씨방에 싸여 있지 않은 것이 겉씨식물이고, 씨방에 둘러싸인 것이 속씨식물이다.

우리가 식물로 알고 있는 가까운 생물 중에서 이끼, 양치식물, 은행, 소철, 삼나무, 소나무류 이외에는 모두 속씨식물이라고 할 수 있다.

속씨식물은 1억하고도 수천만 년 전에 출현하여 생태적 우위성 덕분에 순식간에 지구를 뒤덮을 수 있게 되었는데, 이와 거의 동시에 곤충도 폭발적으로 다양해졌다.

속씨식물이 다양해지면서 각각 다른 식물 종을 먹이로 삼은 곤충이 생기고, 이로 인해서 종이 분화되었기 때문이다. 그리고 꽃가루의 이동을 곤충에게 의존하는 식물, 꽃가루와 꿀에서 영양을 얻는 곤충이 출현하고 이 둘이 특화되면서 식물과 곤충의 종이 함께 다양해진 측면도 있다.[1]

게다가 식물을 먹는 곤충이 증가하면 그것을 노리는 육식성 곤충도 늘어난다. 그때까지 돌 밑처럼 은폐된 환경에서 살던 육식성 곤충이 식물 위로도 진출하여 식물을 먹는 곤충을 잡아먹거나 숙주로 삼고 알을 낳으며 다양해졌다.

식물의 유해인 썩은 나무와 낙엽도 다양한 곤충의 생활장소와 먹이가 되었다.

식물과 곤충의 싸움

물론 식물도 그저 곤충에게 먹히고만 있을 수는 없었다. 식물의 다양화의 역사는 식물 자신을 먹는 생물, 그중에서도 특히 곤충과 싸워온 역사이기도 하다.

사실 대부분의 식물은 곤충으로부터 자신을 방어하는 물질을 가지고 있다. 방어물질은 곤충에게는 독이다.

농작물은 대부분 개량을 통해서 그런 물질이 줄어들었지만, 야산에 자라난 식물들은 거의 우리에게 유해하거나 떫은맛이 강하고 냄새가 심해서 식용으로는 부적합하다. 이런 특징 역시 실은 식물의 방어책이 맛과 냄새로 나타난 것이다.

물론 그것이 독이 되느냐 안 되느냐는 식물과 그것을 먹는 생물에 따라서 다르다. 예를 들면, 초식성의 포유류만 보더라도 사람의 입에는 맛이 없는 식물도 맛있게 먹고, 곤충 역시 사람이 먹으면 금방 죽을 수도 있는 강력한 독을 가진 식물을 아무렇지 않게 먹기도 한다.

반대로 개가 먹으면 죽을 수도 있는 양파나 카카오(초콜릿)는 사람이 먹어도 괜찮다. 이런 것도 앞에서 말한 식물에 대한 특화와 적응의 결과라고 할 수 있다.

그렇다면, 자연계에서 어떤 식물에 특화된 곤충이 태평하게 그것을 먹을 수 있을까? 그렇지는 않다. 식물과 곤충은 서로 늘 대항책을 만들며 계속 싸우고 있다.

식물의 대항책으로 흔히 볼 수 있는 것은 곤충이 먹는 부분에 방어물질을 보내는 방법이다. 물론 곤충은 이에 대응하여 방어물질이 지나가는 잎의 관을 절단하고 식물을 섭식한다.[2] 예를 들면, 알로카시아라는 식물의 잎을 먹는 동남 아시아의 잎벌레과 딱정벌레는 먹기 전에 잎에 동그란 상처를 낸다(사진 5). 그런 후에 안쪽 부분을 천천히 먹는다.[3]

왕나비라는 네발나비과 나비의 유충이 나도은조롱 같은 유독식물을 먹을 때나 꼽추무당벌레라는 무당벌레과 딱정벌레가 방어물질이 강한 식물의 잎을 먹을 때도 같은 행동을 한다.[4][5]

식물에게는 움직여서 자신을 괴롭히는 곤충을 쫓을 수 없다는 약

사진 5 알로카시아의 잎을 먹는 잎벌레의 한 종인 *Aplosonyx* sp.(말레이시아). © 고마츠 다카시
* 이후 국명을 표시하지 않은 사진은 일본산 곤충이다. 일본에 분포하는 곤충에 대해서는 학명을 생략했다.

점이 있다. 방어물질을 이용한(해독하는 등의) 대항이 무너지면, 식물은 곤충에게 먹힐 수밖에 없다. 곤충들 가운데는 유독식물에서 얻은 독을 자신의 몸에 저장했다가 외부의 적에게 잡아먹힐 때에 이용하는 녀석들도 적지 않다.

킬러를 고용하는 식물

보통 벌이라고 하면, 말벌과 꿀벌을 떠올리는 사람이 많다. 그러나 그렇게 크고 눈에 띄는 벌은 벌 중에서도 소수이며 예외적인 존재이다. 대부분의 벌은 다른 곤충의 몸에 알을 낳아서 기생하는데, 이런 기생벌은 형태가 작은 종이 많다.

기생벌은 사실 많은 곤충에게 가장 무서운 천적 중의 하나이다. 상당수의 곤충에게 각기 특화된 기생벌이 천적으로서 존재한다. 나비나 노린재처럼 눈에 띄는 곳에 알을 낳는 곤충은 알에 전문적으

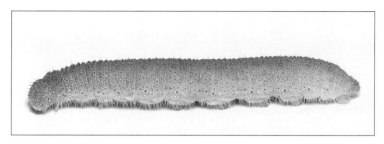

사진 6 배추흰나비의 유충. © 나가시마 세이다이

로 기생하는 '알 기생벌'의 표적이 된다.

기생벌의 생태에 대해서는 나중에 다시 설명하겠지만, 많은 식물들은 이 기생벌을 이용하여 자신들을 보호한다.

야도충이라는 밤나방의 유충이 옥수수나 목화의 잎을 먹을 때, 식물의 성분과 야도충의 침이 섞이면서 기생벌을 유인하는 화학물질이 생성된다. 즉 식물이 기생벌이라는 킬러(물론 상대가 그 자리에서 죽는 것은 아니다)를 불러들여서 야도충을 해치우도록 도움을 청하는 것이다.[6][7][8][9]

사람들도 즐겨 먹는 양배추 등의 유채과 식물은 대부분의 곤충에게 유독하다. 물론 배추흰나비(사진 6) 같은 몇몇 곤충은 이 독을 극복하고 거꾸로 자신의 섭식 행동을 유발하는 물질로서 이용하고 있다. 그러나 그 물질도 배추흰나비가 양배추를 먹으면, 다른 물질과 섞여서 기생벌을 부르는 역할을 한다.[10][11]

그밖에도 킬러나 보디가드를 고용하는 식물은 상당히 많은데, 뒤에서 소개할 개미와 공생하는 개미식물이 대표적인 예이다.

과자로 만든 집

앞에서 다른 곤충에 기생하는 벌에 대해서 이야기했는데, 곤충은 잎을 갉아먹을 뿐만 아니라 식물의 내부에 기생하기도 한다. 그중에서도 특별히 살펴보아야 할 것은 충영(蟲癭, 벌레혹)을 만드는 곤충이다. 예를 들면 혹파리라고 하는 작은 파리는 종별로 다양한 식물에 충영(사진 7)을 만든다.

식물 위에 낳은 알에서 부화한 유충은 그 식물 내부로 파고든다. 유충이 들어간 잎에는 작은 혹 같은 것이 생기기 시작하고 점차 열매처럼 부풀어오른다. 그렇게 만들어진 충영 안에서 유충은 그것을 먹으며 성장한다. 이처럼 유충은 식물을 변형시키는 화학물질을 내놓는다. 그리고 열매가 없는 곳에 영양이 있는 열매를 만드는 것과 같은 훌륭한 식물 조작을 행한다.[12]

그밖에 진딧물이나 나무이과 같은 노린재목의 곤충, 혹벌 등의 벌, 바구미 등의 딱정벌레 중에도 식물에 충영을 만드는 것이 있다.[13] 누구나 어렸을 때 '과자로 만든 집'을 동경한 기억이 있을 것이다. 이들 곤충은 식물을 조작하여 영양이 가득한 과자 집을 만들고 거기에 살고 있다고 생각하면 된다.

식물은 이런 식으로 다양한 곤충과 연관되어왔다. 때로는 이용하고 때로는 저항함으로써 결과적으로 곤충은 식물의 다양화를 촉진하는 데에 기여한 셈이다.

사진 7 혹파리과의 일종의 충영(말레이시아). © 고마츠 다카시

사냥

고도의 보존기술

인간은 물고기나 짐승을 안정적인 먹잇감으로 삼고자 했을 때 그
것들의 '사체'를 어떻게 보존해야 할지 어려움에 직면했다. 지금이야
냉장 기술이 발달했지만, 옛날에는 운 좋게 많이 잡는다고 해도 기
껏해야 말리거나 염장하는 방법뿐이어서 기본적으로는 빠른 시간
내에 먹어야만 했다.

포식성을 가진 곤충들 중에서도 잡은 먹잇감을 바로 먹는 것이
많다. 그러나 사냥벌은 독자적인 보존방법을 찾아내어 자신의 유충

에게 보존한 먹이를 주는 데에 성공했다. 그들은 마취 기술이 뛰어나다. 독침으로 마취시켜 먹잇감을 가사(假死) 상태로 만들면 신선도를 떨어뜨리지 않고 오래 보존할 수 있다.

벌 중에는 말벌과 꿀벌이 포함된 유검류(有劍類)라는 고등한 무리가 있는데, 그중에서 비교적 대형 또는 중형 크기의 벌에 사냥벌이라고 불리는 종이 많다. 이것들의 사냥과 집 만들기, 산란에 관한 생태는 그야말로 천차만별이어서 곤충의 생태를 연구할 때 사회성 곤충과 더불어 가장 재미있는 무리이기도 하다. 예를 들면, 암컷 땅벌은 우선 땅에 수직의 굴을 파고 집을 짓는다. 그런 다음에는 실베짱이라는 베짱이 무리를 찾아나선다.

실베짱이를 찾아낸 땅벌은 실베짱이의 중추신경에 영향을 주는 미묘한 양의 독을 주입하여 장기간 움직이지 못하도록 마취를 시킨다. 이후 땅벌은 마취당한 실베짱이를 안고 둥지까지 운반한 후에 그 몸속에 알을 낳고 묻는다. 부화한 유충은 그 몸속에서 천천히 실베짱이를 먹으며 성장한다. 일단 죽지 않을 만큼 먹고 마지막에 나머지를 단숨에 먹어치워 성장하는 것이 많은 사냥벌 유충의 공통된 특징이다.

그밖에도 거미, 사마귀, 매미, 나비나 나방의 유충, 딱정벌레 등 다양한 곤충이 사냥벌의 목표물이다. 찌를 때 그 벌레의 급소를 노리는 사냥벌도 많다. 집의 모양도 대나무 통 같은 기존의 구멍에 먹잇감을 옮겨 넣는 것이 있는가 하면, 먼저 먹잇감을 사냥한 후에 집을 파는 것까지 다양하다.[14]

사진 8 대형 거북이등거미를 잡은 길벌대모벌. © 고마츠 다카시

대모벌과의 벌은 거미 전문 사냥꾼이다(사진 8). 세계 최대의 벌이기도 한 펩시스 헤로스(*Pepsis heros*)는 날개를 펴면 아이의 손바닥을 가볍게 넘어서는 크기를 자랑한다. 펩시스 헤로스의 무리는 북아메리카에서 남아메리카에 걸쳐 서식하고 있는 거대한 거미인 붉은발타란툴라를 사냥한다.[15]

독가스 공격

보트에 탄 사람들이 거대한 고래의 숨통을 끊는 포경(捕鯨) 장면을 그린 그림을 본 적이 있을 것이다. 작은 생물이 거대한 생물에게

도전하는 모습은 생사를 건 싸움인지라 현장에 있다면 분명 그 광경에 압도당할 것임에 틀림없다.

민물해면잠자리라는 풀잠자리목의 곤충은 유충 시절에 흰개미의 집 속에서 산다. 흰개미의 집 속에서 흰개미를 먹으며 생활하는데, 사실 갓 태어난 민물해면잠자리 유충의 입장에서 보면 흰개미는 크고 강한 상대이다. 흰개미가 나무도 뚫어버리는 강력한 큰턱으로 반격을 가하면 잠시도 버티지 못한다.

따라서 유충은 흰개미를 마취시키는 휘발성 물질을 내뿜어 흰개미가 움직이지 못하도록 만든 후에 먹어치운다. 말하자면 독가스 공격인 셈이다.[16]

북아메리카산 종에서는 이러한 생태가 보고되어 있지만, 일본산 민물해면잠자리(화보 2페이지)는 사냥방법이 다르다.

유충은 홀로 걸어다니는 흰개미, 즉 틈을 보인 개체를 순식간에 물어버린다. 그러면 흰개미는 곧장 움직이지 못하게 되고 이 모습을 지켜본 유충은 안전한 장소로 흰개미를 옮겨가서 먹어치운다. 흰개미는 영양이 풍부해서 그것만 먹고도 유충은 2주일 정도면 급격히 성장하여 번데기가 된다고 한다.[17]

유충이 자신과 동등하거나 더 큰 곤충을 먹으려고 할 때 사냥방법에는 어려움이 있지만, 잘하면 더없이 효율적으로 영양을 공급받을 수 있다.

사진 9 군대개미(*Eciton burchellii*)를 덮치는 반날개의 한 종인 *Tetradonia* sp.(화살표)(에콰도르)

거대한 먹잇감

이밖에도 혼자서 자신의 몸보다도 훨씬 더 큰 먹잇감을 사냥하는 곤충이 있다.

남아메리카에서 사는 반날개과의 딱정벌레의 한 종은 군대개미의 행렬 주변을 배외하다가 조금 약해진 개미를 발견하면 행렬에서 끌어내서 먹어치운다(사진 9). 자기 몸길이의 몇 배에 달하는 거대한 개미를 습격하는 것이다.[18]

동남 아시아에 서식하는 다른 반날개도 자신보다 몇 배나 무거운 개미를 습격하기도 한다. 힘이 약해졌다고는 하나, 강력하고 큰 턱

사진 10 *Ptilocerus imm-itis*의 한 종인 *Ptilocerus sp.*(타이). © 고마츠 다카시

을 가진 상대가 반격해오면 꼼짝없이 목숨을 잃는 데도 말이다. 작은 세계이지만, 이런 모습에서는 사바나에 사는 육식동물의 사냥처럼 박력이 넘친다.

그리고 남아메리카에 사는 풍뎅이의 한 종은 큰 노래기를 전문으로 사냥한다. 풍뎅이의 머리끝에는 두 개의 이빨이 달려 있는데, 자신의 몸보다 큰 노래기를 물고 그 이빨을 사용하여 노래기를 조각조각 해체시킨 후에 먹는다.[19]

특효약

프틸로케루스 임미티스(*Ptilocerus immitis*)(사진 10)라는 침노린재과에 속하는 노린재는 특이한 방법으로 개미를 사냥한다.

이들 노린재는 배의 아랫부분에 큰 구멍이 뚫려 있어서 먹잇감인 개미를 발견하면 개미에게 그 구멍을 내보인다. 냄새에 현혹되어 다가간 개미는 수십 조 만에 봄에 경련을 일으키며 움직이지 못하게 된다.

움직임이 둔한 프틸로케루스 임미티스는 이처럼 무엇인가 특수한 화학물질로 개미를 마취시키고 천천히 포식한다.[20] 그 모습은 마치 마술을 사용하는 것처럼 신기하다.

좀비를 조종하다

기생성 생물 중에는 숙주(宿主 : 기생하는 상대 생물, 기주[寄主]라고도 한다)를 지배해서 자기 마음대로 행동하는 생물이 적지 않은데, 그 모습은 마치 가사 상태의 좀비를 자신의 뜻대로 조종하는 것 같다.

가령 곤충은 아니지만 유선형동물문(類線型動物門, Nematomorpha)이라는 분류군에 속하는 20–30센티미터 크기의 체형이 가느다란 생물이 있다. 이것은 꼽등이나 사마귀에 기생하는데, 수중에서 번식 행동을 하므로 숙주의 몸속에서 성장한 후에 숙주를 조작하여 물이 있는 곳까지 이동하는 것으로 밝혀졌다. 그리고 숙주가 물 근처에 도착하면 배를 가르고 나온다.

이런 행동으로 인해서 꼽등이가 계류성 어류의 중요한 먹이가 되고, 결과적으로 계류성 어류가 다른 수생 곤충을 먹어치우지 않게 되어 하천의 생태계가 보전된다고 한다.[21]

일본에도 있는 느쟁이벌과의 느쟁이벌속 벌은 바퀴벌레를 전문으로 사냥하고 유충은 그것을 먹으며 성장한다.

열대 아시아에 널리 서식하는 에메랄드는쟁이벌이라는 아름다운 종의 사냥방법은 상세히 연구되었다. 이 벌은 바퀴벌레에게 정확히 두 번 독을 주입한다. 첫 번째는 가슴부분의 신경절에 주입하여 앞다리를 천천히 마비시킨다. 두 번째는 도망치는 반사행동을 관장하는 신경에 꽂는다(화보 2페이지).[22]

일반적인 경우에 바퀴벌레는 벌보다 상당히 크므로, 벌이 사냥한 바퀴벌레를 날개로 운반하는 것은 불가능하다. 그러나 마비를 시킴으로써 걸을 수는 있지만 도망칠 수 없도록, 즉 '좀비 바퀴벌레'를 만들면 사정은 다르다. 이후 이 벌은 더듬이를 물고 벌집 구멍까지 유도한 다음, 그 바퀴벌레 몸에 알을 낳는다.

벼룩파리과의 프세우닥테온속(*Pseudacteon*) 파리는 개미에 기생한다(사진 11). 북아메리카의 불개미에 기생하는 종은 유충이 개미의 몸속에서 다 자라고 나면, 개미의 머리를 자르고 나와 번데기가 되는 무시무시한 행동을 한다. 파리의 유충에게 머리가 잘리기 8–10시간 전에 개미는 하나같이 집 밖으로 나온다. 그 개미는 활발히 움직이지만, 평소에는 공격적인 성향의 개미임에도 불구하고 공격적인 행동을 보이지 않는다. 말 그대로 힘이 빠진 개미는 그런 '의사(意思)'를 상실한 것이리라. 그리고 그대로 파리의 번데기가 성충이 되기에 최적의 환경인 풀숲으로 들어간다. 이후 개미의 머릿속에 있던 파리의 유충이 개미의 '목'에 해당하는 부분을 자른다. 유충은 개미의 머릿속에서 번데기가 되고 날개가 생기면 개미의 입에서 나온

사진 11 고동털개미를 노리고 비행 중인 일본에 서식하는 *Pseudacteon*(화살표).
© 고마츠 다카시

다. [23] 일본에도 같은 속의 파리가 있는데 비슷한 행동을 취할 가능
성이 높다.

동물계에서 가장 빠른 움직임

마지막으로 언뜻 원시적으로 보이지만, 굉장한 사냥방법을 가진
곤충을 소개하겠다.

곤충들 중에는 무서우리만큼 재빠른 것들이 있다. 가까이에서 볼
수 있는 것들 중에서는 파리가 그렇다. 파리를 때려잡고 싶은데 쉽
지 않아서 안타까웠던 경험은 누구에게나 있지 않을까? 곤충을 좋

아하는 소년이었다면, 몇 번이고 왕잠자리를 잡을 뻔하다가 놓친 아쉬운 기억을 가진 사람도 적지 않을 것이다.

실제로 외부의 적에 대한 곤충의 반응은 지극히 재빠르다. 이질바퀴라고 불리는 바퀴벌레를 이용한 실험에서는 그것이 외부의 적인 두꺼비의 혀가 일으키는 바람을 감지하고 반응하는 데에는 0.022초밖에 걸리지 않는다는 결과가 나왔다.[24] 이것은 사람의 반응속도보다 열 배 가까이 빠르다. 아마도 모기나 파리의 입장에서 보면, 자신을 잡으려고 하는 사람의 손은 천천히 다가오는 벽같이 느껴질 것이다.

그 빠르기를 사냥에 이용한 곤충이 바로 세계적으로 열대에 분포하는 침딫개미속의 개미이다(화보 1페이지). 이 개미는 길게 발달된 큰턱을 가진 것이 특징이다. 침딫개미는 사냥에 나갈 때 늘 큰턱을 완전히 연다. 그리고 사냥감을 발견하면 천천히 다가간다. 큰턱의 연결부분에는 긴 털이 나 있는데, 그것에 사냥감이 닿으면 침딫개미의 턱이 시속 230킬로미터로 닫히면서 사냥감을 꽉 물어버린다. 이때 걸리는 시간은 고작 0.13밀리초이다.[25]

똑같은 사냥방법이 개미과에서 여러 번 진화되었기 때문에 동남 아시아의 미르모테라스(*Myrmoteras*) 등에서도 같은 행동을 찾을 수 있다. 큰턱으로 직접 사냥감을 잡는 것은 원시적인 사냥법처럼 보이지만, 그런 방법도 발달하면 놀라운 수법이 된다.

몸의 치장

곤충의 금속광택의 의미

생물이 띠는 색채가 무엇을 뜻하는지에 대해서는 거의 알려진 바가 없다고 해도 과언이 아니다. 또 사람의 눈에는 화려하고 눈부시게 보이는 생물이라도 그것은 어디까지나 사람의 시점일 뿐, 자연 속에서도 실제로 눈에 띄는 존재인지는 알 수 없다.

그런 오해를 받는 대표적인 생물이 열대지방에 서식하는 아름다운 비단벌레과의 곤충(사진 12)과 대형 풍뎅이과의 딱정벌레이다. 이런 딱정벌레는 강한 금속색의 광택을 가지고 있어서 우리 눈에 눈부시게 보이는 것이 사실이다. 그러나 그것들의 서식지에서 강렬한 햇살 아래 반짝거리는 나뭇잎에 그것들이 가만히 있는 것을 관찰해보면, 그리 눈에 잘 띄지 않는 색임을 알 수 있다.

모든 금속 색채의 광택을 가진 곤충들이 그런 것은 아니므로, 본래의 서식지를 관찰해보지 않는 한 확실한 이야기(이것도 상상의 영역을 벗어나지 못하지만)는 할 수 없다. 그래도 이들 곤충은 생물을 사람의 눈만으로 판단해서는 안 된다는 것을 보여주는 좋은 사례들이다.

물론 그렇게 생각하고 넘어가기에는 생물의 세계가 그리 단순하지 않다. 일부 비단벌레는 분명히 서식지에서도 눈에 띄는 색채를 가지고 있다. 비단벌레 중에는 좋지 않은 냄새를 풍기는 것이 많은데, 이는 새와 같은 포식자에게 자신이 냄새가 난다는 것을 과시하

사진 12 비단벌레의 한 종인 *Democh-roa gratiosa*(말레이시아). © 고마츠 다카시

기 위한 것이다. 이런 역할을 하는 색채를 '경고색'이라고 한다.

그런데 우리의 머리를 더 복잡하게 만드는 것은 눈에 띄지 않게도 하고 반대로 경고색의 역할도 하는 중간 색채도 있다는 사실이다. 이는 여러 종의 새들과 같은 포식자가 있는 환경을 생각해보면 알 수 있다. 어떤 경우에는(어떤 포식자에 대해서는) 눈에 띄지 않는 효과를 내고, 또다른 경우에는(또다른 포식자에 대해서는) 경고색의 역할을 한다. 그런 색채는 그야말로 오색 '광택'의 의미를 가지는 것이 아닐까?

나중에 의태(擬態)에 대해서 이야기하겠지만, 어떤 생물의 색채나 모습이 특정한 포식자에 대비하는 형태로만 진화했다는 시각은 오해로 이어진다. 의태의 연구에서 그런 예가 적지 않다. 이 책에서 소개하는 곤충의 특징 역시 주요한 의미는 내가 이야기한 것이겠지만, 동시에 또다른 의미를 가지는 경우도 많은 것을 늘 염두에 두어야 한다.

어쨌든 사람의 눈에는 화려해 보이는 생물도 실제 서식지에서는 그렇지 않을 수 있다는 점을 알아두자.

그리고 생리적으로도 각각의 생물의 눈에 모든 물체가 똑같이 비치지는 않는다. 사람처럼 컬러 영상으로 보이는 동물은 그리 많지 않고, 자외선이나 적외선의 반사광을 보는 생물도 있다.

따라서 사람의 눈으로는 붉은색, 푸른색으로 구별될 수 있는 생물도 실은 그 색채의 차이에는 큰 의미가 없을지도 모른다. 색채의 변이가 심한 곤충을 보고 있으면, 이런 생각이 든다. 예를 들면, 야에야마 제도(이리오모테 섬과 이시가키 섬)에는 암피코마 스플렌덴스(*Amphicoma splendens*)라는 금속광택을 가진 풍뎅이가 서식하고 있는데, 개체별로 붉은색이나 금색, 녹색, 푸른색 등 색채의 변이가 심하다. 일본 본토에 서식하며 사슴의 배설물을 먹는 금풍뎅이 역시 금속광택을 띠는데, 지역에 따라서 붉은색, 녹색, 푸른색 등의 변이가 존재하고 있다.

나비가 아름다운 이유

다른 생물들이 모두 사람과 똑같은 색채감각을 가졌다고 할 수 없으므로 사람의 판단이 큰 의미가 없다고는 하지만, 아름다운 나비를 보고 있으면 저절로 그 의미에 대해서 생각하게 된다.

길가나 풀밭과 같은 드넓은 공간을 날아다니는 나비는 확실히 눈에 띈다. 야생에서 살아가는 능력이 약해진 사람의 눈에 확연히 띌 정도이니, 새와 같은 야생의 포식자들에게는 더 잘 보일 것이다.

나비의 색채가 가지는 의미에 대해서는 예로부터 여러 연구자들이 상상의 나래를 펼쳤다. 하지만 대부분은 밝혀지지 않았으며, 몇 가지 사실이 상황증거를 통해서 확실해졌을 뿐이다. 가령 호랑나비류라는 네발나비과의 나비들은 대개 유충 시절에 독이 있는 식물을 먹고 그 독을 성충의 몸에 저장한다. 그밖에도 체내에 독을 가지고 있거나, 포식자가 먹었을 때 좋지 않은 성분을 가진 나비들이 많다. 이런 것들을 볼 때 눈에 띄는 색채는 포식자에 대한 경고가 확실하다고 할 수 있다.

그리고 암컷이 수수하고 수컷이 화려한 색채를 가진 나비도 있는데(사진13), 이 경우에도 몇 가지 추측을 해볼 수 있다. 예를 들면, '산란에 전념하는 암컷은 포식자로부터 살아남기 위해서 눈에 잘 띄지 않게 하고 있다', '수컷은 동종의 수컷끼리 구역 경쟁을 하기 위해서 서로 인식하기 쉽도록 눈에 띄는 색채를 가지고 있다', '독을 가지고 있으며, 암컷을 찾아 이동할 때 눈에 띄는 곳으로 나서기 위해서 경고할 필요가 있다', '암컷이 화려한 색채의 수컷을 선택해온 결과이다' 등이다.

독이 있는 나비의 경우, 나비의 색채가 경고색 등의 의미를 가진다는 사실이 상황증거상 확실하다. 그러나 앞에서 추측이라고 했듯이

사진 13 파라디세아 금비단제비나비(*Ornithoptera paradisea*) 수컷(왼쪽)과 암컷(오른쪽) : 수컷은 황록색의 광택을 띤다.(파푸아뉴기니)

이런 효과를 제대로 증명하기는 어렵다. 엄밀하게 추정되는 포식자를 이용하여 포식 실험을 하면 되지만, 그 실험조건에서 과연 포식자가 자연스러운 행동을 취할지도 모를 일이고, 예상되는 여러 포식자들을 준비하기란 사실상 불가능에 가깝다.

생물 종이 상당히 많은 열대에서 곤충을 관찰해보면, 곤충과 포식자의 관계가 너무 복잡해서 생각할수록 답을 알 수 없다. 과거에 저술된 색채에 관한 연구도, 물론 그 노력에는 경의를 표해야 하지만, 고개를 갸웃거리게 만드는 내용들이 있다.

나 역시 곤충의 색채가 가지는 의미를 완전히 이해할 수 없는 경우가 많아서 이제는 상상의 나래를 펴보는 즐거움에 의의를 두고 있다.

모방

자연물 모방하기

음악과 회화, 공업 제품 등 사람이 만드는 것들 가운데 진정으로 독창적인 것은 거의 존재하지 않는다고 한다. 사람의 언행도 물론 그렇다. 모두 다 과거에 존재한 것을 다시 고친 것으로, 크든 작든 간에 모방(imitation)이다.

사람 이외의 생물도 모방을 한다. 따라해야 할 것이 있으면 반드시 모방한다. 하지만 사람이 '이것을 따라해야지' 하고 생각하고 무엇인가를 모방하는 것처럼 생물 개체가 무엇인가를 보고 변화하는 것은 아니다.

물론 의지를 가지고 따라한 듯 능숙하게 모방하는 것들도 있다. 그러나 사람의 모방과 다른 점은 그것이 생물 개체의 의사에 의한 것이 아니라, 돌연변이와 자연선택의 방대한 축적에 따른 진화의 결과라는 사실이다.

이처럼 생물이 다른 무엇과 형태, 소리, 냄새 등을 비슷하게 하는 것을 의태(擬態, mimicry)라고 한다. 의태는 생물에 의한 모방의 최고봉으로 상당수의 곤충이 의태를 하고 있다.

의태라고 생각되는 것이 정말로 의태인지를 포함하여 곤충의 색채와 형태의 의미를 규명하기는 어렵지만, '은폐 의태'만큼은 이해하기 쉽다. 은폐 의태는 다른 자연물과 모습을 비슷하게 하여 포식자의 눈을 속이려는 것으로 닌자의 은신술에 비유할 수 있을 것이다.

사진 14 *Phyllidae giganteum*(말레이시아). ⓒ 고마츠 다카시

가장 가까운 예로는 식물의 잎과 모습이 닮은 메뚜기목의 메뚜기나 귀뚜라미 무리가 있다. 또 나무줄기와 헷갈릴 법한 대벌레목 무리도 유명한 의태 곤충이다. 이런 벌레들은 정말 찾기가 어려워서 그것들이 움직이지 않으면 알아차리지 못하는 경우가 대부분이다.

이런 곤충 무리는 대개 어떤 식물을 의태하고 있다. 대벌레의 일종인 잎사귀벌레(사진 14)는 이파리라고 해도 믿을 만큼 교묘히 의태를 하고 있으며, 동남 아시아와 남아메리카의 귀뚜라미 중에는 잎과 똑같거나 지의류(地衣類)나 이끼와 유사한 것도 있다.

게다가 식물만이 아니라 다른 자연물을 모방하는 곤충도 있다. 일본의 하천이나 해안에 사는 에우스핑고노투스 야포니쿠스 (*Eusphingonotus japonicus*)(사진 15)나 해변메뚜기는 색과 모양이 지

사진 15 *Eusphingonotus japonicus*. © 고마츠 다카시

면과 흡사하며, 아프리카의 건조지대에서 서식하는 메뚜기의 일종
은 작은 돌 같은 모습을 하고 있다.

일본의 곤충만 해도 지의류 안에 숨어 있는 애알락명주잠자리라
는 풀잠자리목 명주잠자리과의 유충이나 나무껍질과 흡사한 나무
껍질밤나방이라는 혹나방과의 나방처럼 교묘한 의태를 하는 것은
셀 수 없을 정도이다.

화학 의태

우리의 주변에서 볼 수 있는 의태를 하는 곤충들 중에서 잊어서
안 될 것이 바로 자벌레이다. 자벌레는 자나방과의 나방 유충을 총

사진 16 몸큰가지나방의 유충. ⓒ 나가시마 세이다이

칭하는 것인데, 많은 종이 식물의 일부와 모습이 흡사하다. 나무줄 기와 흡사한 것도 많다. 그중에서도 뽕나무가지나방의 유충은 일 본에서는 '토기 주전자 깨기'라고도 불리는데 나무줄기로 착각해서 거기에 토기 주전자를 거는 바람에 주전자가 깨지고 말았다는 이야 기에서 유래했다.

몸큰가지나방의 유충(사진 16)은 잎을 먹으면서 그 성분을 체내에 흡 수하여 겉모습뿐만 아니라, 체표 성분까지 식물과 유사하게 만든다고 알려져 있다.[26] 새처럼 시각으로 먹이를 찾는 포식자뿐만 아니라 개미 와 같이 후각으로 먹이를 찾는 천적에게 대응하기에 유효한 수단이다.

이처럼 화학 성분을 다른 생물과 비슷하게 만드는 것을 화학 의 태라고 하는데, 몸큰가지나방의 유충은 은폐 의태와 화학 의태를 동시에 해내는 것이다.

호가호위

권력을 가진 타인을 등에 업고 위세를 부리는 사람이라는 의미의 사자성어로 '호가호위(狐假虎威)'가 있는데 그와 비슷한 현상이 자연계에서도 보인다.

바로 독성이 없는 생물이 독성이 있는 생물을 모방하는 '베이츠 의태(Batesian mimicry)'가 그렇다. 이러한 의태의 발견자이자 위대한 박물학자인 헨리 월터 베이츠(Henry Walter Bates)에게서 따온 이름이다.[27]

특히 유명한 예는 앞에서 이야기한 왕나비나 남아메리카에 서식하는 독나비 무리이다. 이들 나비가 서식하는 지역에서는 거의 확실히 각 종을 따라서 의태하는 무독성 나비가 있다. 예를 들면 킬라사 클리티아(*Chilasa clytia*) 등의 호랑나비 무리는 종이나 지역에 따라서 다양한 왕나비를 의태하는데, 그 교묘함은 놀랍다(화보 3페이지).

겉모습만 같은 것이 아니다. 독을 가진 나비는 포식자가 적은 탓인지 천천히 나는 경우가 많은데, 이들 호랑나비는 그런 비행 방식까지 똑같다. 결코 뻔뻔하게 위세를 부리지는 않지만, 당당한 그 모습을 보면, '호가호위'라는 사자성어를 떠올리지 않을 수 없다.

유리나방이라는 나방 무리는 종이말벌과 말벌 같은 벌을 의태하고 있다. 물론 독침을 가진 벌을 두려워하는 포식자에게 잡아먹히

사진 17 종이말벌(*Polistes* sp.)(왼쪽)과 그것의 의태자인 애기나방의 한 종인 *Myrmecopsis* sp.(오른쪽)(페루)

지 않기 위해서이다.

남아메리카에는 벌을 의태한 더 대단한 나방인 애기나방이 있는데, 첫눈에는 나방이라는 것을 모를 만큼 세밀한 몸의 구조까지 벌과 유사하다(사진 17).

걸어다니는 보석

포식자가 싫어하는 요소가 독만은 아니다. 먹기가 수월한지도 중요한 조건인데, 그 점을 보여주는 것이 타이완 남부의 란위라는 외딴섬에서부터 필리핀을 중심으로 분포하는 딱정벌레목 바구미과의 보석바구미이다.

보석바구미는 이름에서 알 수 있듯이 일단 단단하다. 란위의 타오족은 성인이 손으로 이 곤충을 눌러버릴 수 있는지로 힘을 겨루었다고 한다. 표본으로 만들 때도 보석바구미는 몸이 워낙 단단해서 핀이 휘어질 정도이다.

필리핀에는 상당히 많은 종이 서식하며 지역별로 다양한 색채의 보석바구미가 있다. 그리고 몸에는 물방울 무늬나 줄 무늬가 있어서 단번에 눈에 띈다. 그 모습은 걸어다니는 보석이라고 형용될 만큼 아름답지만, 그 아름다움은 아마도 섬의 포식자를 향한 경고색일 것이다.[28]

재미있는 것은 필리핀 각지에 보석바구미와 똑같은 의태자가 있다는 것이다. 특히 대단한 것은 돌리옵스(*Doliops*)라는 하늘소과의 딱정벌레이다(화보 3페이지). 일단 보석바구미와 생김새가 흡사해서, 더듬이를 확인해야만 겨우 하늘소라는 것을 알 수 있다. 물론 보석바구미처럼 단단하지는 않다.

일반적으로 모방 상대인 맛이 없는(먹기 힘든) 생물이 의태하는 생물보다 개체수가 더 많은 것 같다. 포식자는 맛없는 생물을 몇 번인가 먹으면서 학습하게 되므로, 모방 상대인 생물이 더 적으면 학습 기회가 적어져 의태가 성립되지 않는다. 돌리옵스의 경우는 보석바구미를 수백 마리 잡으면 겨우 하나 섞여 있을 정도로 드문 종이다.

화려함의 여부는 인간의 눈으로 판단하기가 어렵다고 했는데, 보석바구미는 단단해서 먹을 수가 없고 그것을 따라하는 의태자가 존재한다는 점에서 역시 눈에 띄는 경고색을 가지고 있다고 판단할 수 있다.

내가 필리핀의 루손 섬이나 민도르 섬을 조사했을 때도 여기저기에서 보석바구미가 눈에 띄었다. 그런데 한번 관찰해보니, 하늘소 이외에도 다양한 곤충들이 보석바구미와 비슷한 모양을 하고 있었다. 필리핀의 곤충의 모양은 여러모로 보석바구미의 영향을 받은 듯하다.

동악상조(同惡相助)

보석바구미에 관해서 또 하나 재미있는 이야기가 있다. 똑같이 단단한 다른 속에 속하는 바구미들이 지역별로 모양을 비슷하게 맞추고 있다는 점이다.[27]

앞에서 포식자가 학습을 한다고 했는데, 독이 있거나 맛이 없고 먹기 힘든 것이 서로 비슷해지면서 포식자의 학습 기회가 늘어나는 효과가 있다. 포식자의 학습 기회가 많아지면, 각 개체가 잡아먹힐 가능성은 낮아진다. 이런 의태를 뮐러 의태(Müllerian mimicry)라고 하는데, 이런 의태를 발견한 프리츠 뮐러(Fritz Müller)라는 생물학자의 이름을 땄다.[29]

우리에게 가까운 곤충의 예로는 말벌을 들 수 있다. 가령 일본 본토의 같은 지역에 서식하는 4종인가 5종의 말벌이 있는데, 이들은 하나같이 주황색과 검은색 줄무늬로 비슷한 모양을 하고 있다. 동시에 종이말벌 몇 종도 같은 모양을 하고 있다.

이런 말벌의 형태는 열대 아시아로 가면 상황이 달라져서 배 부분의 앞부분이 주황색이고 뒷부분이 검은색인 것들만 있다. 일본의

사진 18 모두 독성이 있는 *Euploea mulciber*(왼쪽)와 알락나방의 한 종인 *Cyclosia midama*(오른쪽)(베트남)

말벌과 동일한 종에서도 비슷한 변이가 일어나고 있다. 이유는 알 수 없지만, 서로 닮기는 해도 그 지역에서 우위를 점하는 종의 색채에 좌우되는지도 모른다.

검은색과 노란색 혹은 붉은색으로 유독성을 드러내는 것은 곤충의 경우에 지극히 일반적인 일인데, 다양한 곤충들에게서 볼 수 있다. 포식자인 조류나 도마뱀, 개구리 등 많은 생물들이 알아보기 쉬운 색채이기 때문일 것이다. 사람도 위험물질이나 장소를 알리는 표지로 이 색채를 활용하고 있지 않은가!

그리고 앞에서 이야기한 왕나비에도 이런 의태가 있어서 다른 종류인 왕나비가 서로 비슷하게 보이는 경우도 있고, 알락나방이라는 맹독을 가진 나방 중에 왕나비와 닮은 것도 있다(사진 18).

실은 독의 강약 등 경우에 따라서는 베이츠 의태나 뮐러 의태라고 할 수 없는 예도 있다. 그래서 베이츠 의태인지 뮐러 의태인지 구별이 어려운 경우도 있지만, 일부 예외적인 것을 제외하면 대다수는 이해하기 쉬운 의태의 예를 보여준다.

그리고 의태의 명칭이 유래한 베이츠와 뮐러는 생물학자들조차 발표 초기에는 너무 참신해서 부정하던 찰스 다윈(Charles Darwin)의 진화론의 유력한 지지자였다. 다윈의 진화론은 베이츠의 착상에 크나큰 영향을 주었다.

의태생물만큼 자연선택의 알기 쉬운 예를 제공하는 것은 없다. 분명히 베이츠도 뮐러도 그 사실을 설명할 수 있는 것은 진화론 이외에는 없다고 생각한 것이다.

사랑

달콤한 향기

처음에 이야기했듯이, 생물이 존재하는 첫 번째 목적은 자신의 유전자를 남기는 것이다. 따라서 생식은 삶에서 가장 중요한 일이다. 일년생 식물의 대부분이 씨앗을 떨어뜨리고 금방 시들듯이 곤충도 짝짓기나 산란을 일생의 마지막 목적으로 삼는다.

대부분의 곤충은 근친교배를 피하기 위해서 가급적이면 멀리 있는 이성과 짝짓기를 한다. 하지만 인간처럼 선을 보거나 인터넷을 이용할 수 없으므로, 곤충들은 만남을 위해서 나름의 아이디어를 낸다.

가장 원시적인 방법은 자신들의 서식환경에서 걷거나 날거나 헤엄치면서 다른 개체를 만나는 것이다.

사진 19 *Carabus de-haanii dehaanii.* ⓒ 나가시마 세이다이

원시적인 좀이나 날개가 퇴화한 딱정벌레(사진 19) 등은 걸어다닐 수밖에 없다. 나비나 잠자리처럼 장거리를 날 수 있는 곤충은 다른 서식환경으로 이동하기도 한다.

그런 행동이 진전되면 수액에 모이는 장수풍뎅이나 사슴벌레처럼 먹이 장소에서 만남을 가진다. 유충이 죽은 나무를 먹는 하늘소 등은 산란장소인 죽은 나무에 성충이 모이고 거기에서 짝짓기를 하기도 한다.

수컷과 암컷이 만났을 때 문제가 되는 것은 수컷과 암컷의 차이이다. 많은 곤충들은 수컷과 암컷이 겉모습에는 큰 차이를 보이지 않는다. 물론 그것은 사람의 눈으로 보았을 때의 이야기이다. 그러나 애당초 곤충들은 대부분 사람들만큼 시력이 발달하지 않았다.

시력이 발달해서 낮에 날아다니는 잠자리나 나비는 시각적으로 암수를 구별하는 능력을 가지고 있다. 그렇다면 다른 곤충들은 어떻게 구별하는 것일까?

그래서 페로몬(pheromone)의 활약이 필요하다. 수컷은 암컷의 몸에서 뿜어져나오는 페로몬을 느끼고 암컷이라는 것을 알고 짝짓기를 시도한다.

대부분의 동물도 마찬가지이다. 반대로 사람은 그것이 퇴화된 얼마 되지 않는 육상생물 중의 하나이다. 최근의 연구에서 사람에게서 나오는 페로몬에 상당하는 '냄새'가 연애와 관련이 있다는 것이 밝혀졌다. 근친교배를 피하기 위해서 사춘기의 딸이 자신과 가까운 아버지의 냄새를 혐오하고, 자신과 다른 냄새를 가진 이성을 좋아하는 것도 좋은 예이다.[30]

무엇보다도 성행위가 인간의 본능적인 행동의 최고봉 중의 하나라는 것을 고려하면, 인간의 숨겨진 본능으로서 냄새가 성적인 행동에 관여한다고 해도 전혀 이상할 것이 없다.

최고의 감지 능력

곤충의 페로몬을 이야기할 때 장 앙리 파브르(Jean Henri Fabre)의 연구를 잊어서는 안 된다.

사투르니아 피리(*Saturnia pyri*)(사진 20 왼쪽)라는 산누에나방과의 한 종의 암컷을 연구실의 쇠그물 속에 넣고 하룻밤 창문을 열어두었더니 다음날 아침 외부에서 침입한 수컷이 40마리나 방 안을 날아다니고 있었다고 한다.[31]

페로몬이란 화학물질이며, 암컷은 수컷을 부르기 위해서 배 부분

사진 20 *Saturnia pyri*(왼쪽)(프랑스)와 일본에서 서식하는 근연종인 *Saturnia jonasii* 수컷의 더듬이(오른쪽). ⓒ 스즈키 이타루

의 털 뭉치에서 공기 중으로 그것을 내뿜는다.

이러한 페로몬을 감지하는 일부 수컷 나방의 더듬이는 새의 날개 같은 모양인데(사진 20 오른쪽), 페로몬의 분자를 감지하기 쉽도록 그곳에 감각기관이 집중되어 있다. 마치 미미한 신호도 놓치지 않으려는 거대한 파라볼라 안테나처럼 말이다.

실제로 누에나방을 사용한 연구에서는 분자 한 개의 페로몬도 감지할 수 있음이 밝혀졌다.[32] 페로몬을 느낀 수컷은 페로몬의 농도가 높은 방향에 암컷이 있다고 판단한다.

세레나데

사람에게는 시각, 청각, 촉각, 미각, 후각이라는 오감이 있다. 그러나 이것은 인간에게만 존재하는 독특한 분류법으로, 곤충의 경우

사진 21　왕귀뚜라미 수컷과 그 앞다리의 종아리마디에 있는 청각기관(화살표 부분). ⓒ 나가시마 세이다이

에는 이런 감각이 서로 겹치는 면이 많다. 예를 들면, 많은 곤충들에게 소리는 진동으로 치환되어 촉각과 겹치는 부분이 있다. 어두운 곳에서 활동하는 곤충에게는 몸에 있는 감각모(感覺毛)로 느끼는 공기의 진동과 촉각이 사람의 시각에 해당한다. 또 미각과 후각은 거의 동일하며, 행동적으로는 촉각과 동시에 사용되는 일도 많다.

어쨌든 사람이 오감을 하나씩 별도로 받아들이는 것과 달리, 곤충은 언제나 여러 감각기관들을 총동원해서 생활하고 있다. 다만 매미나 귀뚜라미, 방울벌레처럼 사람의 귀에 들리는 소리로 우는 곤충에게는 귀에 해당하는 구조가 있으며, 청각이 독립적으로 발달한 경우가 많다.

매미의 경우 배의 연결부에 있는 막 모양의 부분이 사람으로 치면 고막에 해당하며, 귀뚜라미나 여치는 앞다리의 종아리마디 부분에 고막에 상당하는 청각기관이 있다(사진 21).

사진 22 일본뒤쥐의 사체 위에 있는 넉점박이송장벌레. © 고마츠 다카시

　이렇게 큰 소리로 우는 대부분의 곤충은 수컷이 암컷을 부르기 위한 도구로 소리를 사용한다. 경우에 따라서는 수컷끼리 영역을 과시하기 위해서 사용한다. 즉 소리는 말[言]이다. 먹이 이외에 사람과 곤충이 같은 것을 사용하는 드문 예이다.

　실은 사람의 귀에는 들리지 않을 뿐이지 많은 곤충들이 소리를 낸다. 새끼를 키우는 송장벌레속이라는 송장벌레과 딱정벌레의 한종(사진 22)은 새끼를 키울 때 소리를 내서 새끼와 교신한다. 다른 많은 곤충들도 사람의 귀에는 들리지 않는 작은 소리나 진동으로 무리 간의 '대화'를 나눈다.[33]

　참고로 파브르는 매미 가까이에서 대포를 쏘는 실험을 했다. 그런네 매미는 선혀 놀라지 않았다고 한다.[34] 그것은 매미의 귀가 들리지 않아서가 아니라, 매미가 불필요한 소리(매미가 감지하고 반응하는 음역에 없는 소리)를 감지하지 않는다는 것을 뜻한다.

우리는 매미의 소리를 시끄럽다고 생각하기도 하고, 그 소리에 애수를 느끼기도 하지만, 매미는 사람의 대화를 듣지도 못할지 모른다. 그것은 사람의 귀가 작은 벌레들의 대화를 감지하지 못하는 것과 똑같다. 사람과 곤충이 소리라는 같은 도구를 사용하고 있지만, 도구의 내용물은 상당히 다르다.

결혼 사기

빛을 내는 곤충으로는 반딧불이과의 딱정벌레가 유명하다. "사랑에 애태워 우는 매미보다도 울지 않는 반딧불이가 더 속을 태운다"는 속요(俗謠)가 있듯이 조용히 반짝이며 구애의 신호를 보내는 모습은 신비하기 그지없다.

반딧불이는 각 종마다 빛의 점멸 간격이 서로 다르다. 이 점멸 간격으로 암수가 서로를 부르고 교미를 한다. 또 암컷만 빛을 낼 수 있어서 그것을 보고 빛나지 않는 수컷이 유인되는 종도 있다.

그러나 슬프게도 이 습성을 이용하는 천적이 있다. 북아메리카에 사는 육식성 반딧불이인 포투리스속(*Photuris*) 반딧불이(사진 23)는 다른 속인 포티누스속(*Photinus*)(화보 5페이지) 수컷과 동일한 점멸 신호를 보내고, 그 신호에 유인된 포티누스속 수컷을 잡아먹는다.[35][36]

사진 23 포투리스의 한 종인 *Photuris* sp.

내가 미국의 시카고에서 살았을 때 포티누스는 가까운 공원에서
도 볼 수 있는 곤충이었으며, 그 빛을 보고 나는 일본의 반딧불이
를 떠올리며 그리워했다.

그러나 어느 날 밤 그 포티누스가 포투리스에게 잡혀서 약한 빛을
발하며 먹히는 것을 보았다. 무서운 광경을 본 듯한 기분도 들었지
만, 이 신기한 현상을 가까이에서 볼 수 있다는 사실에 감동하기도
했다. 이것은 타인의 연애 감정을 이용한 사기라고도 할 수 있으며,
틈만 있으면 서로를 노리는 곤충 세계의 잔혹함을 다시금 알려주
는 예이기도 하다.

참고로 육식의 포투리스가 어떻게 짝짓기를 하는가 하면, 암컷은
교미를 하지 않은 상태에서만 포투리스 고유의 신호를 보내서 동종

사진 24 꽃반딧불이(가슴부분에 붉은 문양이 있다). © 고마츠 다카시

의 수컷을 유혹하고 교미한다. 그리고 짝짓기가 끝이 나면 포티누스의 신호를 모방해서 이번에는 먹이로 삼을 포티누스의 수컷을 유인한다.

그리고 반딧불이의 대부분은 빛을 내지 않으며, 빛을 낸다고 해도 유충이나 번데기 시기에만 한정되는 종이 적지 않다.

원래 반딧불이는 악취를 풍기는 종이 많아서 포식자에게는 맛있는 먹이가 아니다.[37] 일본반딧불이나 애반딧불이, 그리고 성충이 빛나지 않는 꽃반딧불이(사진 24)의 붉은색과 검은색의 색채는 확실히 뮐러 의태이다. 동남 아시아에 있는 많은 종들도 전신이 눈에 띄는 노란 색채를 보이고 있어서 뮐러 의태를 하고 있는 것으로 생각된다.

번식행동을 하지 않는 유충이나 번데기의 발광은 아마 야행성의 포식자에 대한 경고색의 의미를 띠는 것이리라.

선물 작전

사람의 연애에서 선물은 효과적인 수단이다. 여자는 대개 무엇인가를 받으면 기뻐하고, 남자 역시 받을 기회는 적지만, 받으면 좋아한다. 실은 곤충도 배우자들끼리는 선물을 주고받기도 한다.

특히 유명한 사례는 춤파리라는 파리 무리의 결혼예물에서 찾아볼 수 있다. 이름 그대로 춤을 추듯이 무리지어 날아오르는 파리로 종에 따라서 행동은 다르지만, 수컷은 먹잇감인 곤충을 암컷에게 보여준 다음 그것을 노리고 달려드는 암컷과 짝짓기를 한다(화보 5페이지).

이러한 행동은 수컷이 암컷과 교미할 기회를 효과적으로 얻기 위한 목적이 첫째일 테지만, 아직 자세히 검증된 바는 없다.[38]

선물이 되는 먹잇감은 종에 따라서 취향이 다른데, 다른 종의 춤파리를 잡아오기도 하고 거미집에서 거미를 잡아오는 등 상당히 전문화되어 있다.

또 춤파리 중에는 먹잇감을 앞다리에서 나오는 실로 둘러싸서 포장한 후에 전달하는 것도 있다. 아마도 먹잇감의 움직임을 봉쇄하기 위한 것이겠지만, 정성스러운 느낌도 준다.[39][40]

더욱 흥미로운 사실은 속은 비었고 실만으로 만들어진 풍선 모양의 가짜 선물로 암컷과 짝짓기를 하는 종이 있다는 사실이다. 이렇게 되면 결혼예물은 이미 의식화되어 암컷에게도 아무런 의미가 없을 것이다. [41][42]

남자의 능력

이러한 의식적인 행동에는 어떤 의미가 있을까?

통상 수컷은 정자를 생산하기만 하면 몇 번이고 여러 암컷들과 짝짓기를 할 수 있다. 반면에 암컷이 생산할 수 있는 알은 한정되어 있어, 닥치는 대로 짝짓기를 할 수는 없다. 이 경우 암컷이 짝짓기에 신중해지며 주로 암컷이 수컷을 고르게 된다. 또 수컷은 여러 차례 짝짓기를 할 수 있으므로 다수의 수컷이 암컷을 둘러싸고 싸우기도 한다. 예를 들면, 수컷 공작의 화려한 날개는 상당히 길고 수컷 사슴의 뿔은 매우 크다. 수컷 공작의 화려한 날개의 경우, 암컷이 더 멋진 날개를 가진 수컷을 골랐기 때문에 그렇게 진화해왔다. 사슴은 암컷을 둘러싸고 싸움이 벌어지기 때문에 싸움에 유리한 뿔이 큰 수컷이 살아남았다.

이처럼 배우자가 체에 걸러지는 것을 성 선택(性選擇, sexual selection) 혹은 성 도태(性淘汰)라고도 한다.

앞에도 썼듯이 진화는 생존에 유리한 특징을 가진 개체가 살아남는 자연선택을 통해서 발생하게 되는데, 평소에 생존과 무관한 암수의 행동 차이나 형태 차이는 대개 성 선택에 의해서 설명할 수 있을 것이다.

춤파리의 결혼예물은 기본적으로 처음에는 수컷이 짝짓기를 할 기회를 얻기 위해서, 즉 암컷이 먹이를 먹는 틈을 타서 짝짓기를 해 버린다는 전략에서 진화한 것이다. 이는 상상에 지나지 않지만, 수컷이 가짜이지만 선물을 암컷에게 줌으로써 암컷은 수컷이 먹잇감을 획득할 수 있는 능력이나 체력을 가지고 있다고 판단하는지도 모른다(사슴의 뿔에는 이런 의미도 있다).

이러한 성 선택은 물론 사람에게도 작용한다. 여자가 남자에게 고가의 선물을 포함한 여러 가지 '능력'을 요구하는 데에서도 생물학적인 의미를 찾을 수 있으며, 남자도 여자에게 '젊음', '잘록한 허리' 등 생식과 관련된 다양한 것을 원한다.

여러 가지 선물

마찬가지로 각다귀붙이라는 밑들이목의 수컷도 암컷에게 먹이를 결혼예물로 준다. 이때 수컷이 증정하는 먹이의 양이나 질이 암컷의 배우자 결정에 중요한 영향을 끼친다고 하니 참으로 만만치 않은 세계이다.

암컷에게 주는 선물이 먹이만은 아니다. 붉은날개벌레과의 수컷 딱정벌레(사진 25)는 칸타리딘(cantharidin)이라는 독을 가진 딱정벌레를 섭식하고 그것을 자신의 몸에 저장한다. 이후 수컷이 머리 부분의 우묵한 곳에 칸타리딘을 분비하고 그것을 암컷에게 주면 교미

사진 25 붉은날개벌레 수컷. ©나
가시마 세이다이

사진 26 정포를 먹는 꼽등이 한 종
의 암컷(타이)

가 성립한다. 암컷은 칸타리딘을 포함한 독이 있는 알을 낳아서 알
을 포식하려는 다른 곤충을 피한다.[43][44]

귀뚜라미나 꼽등이 무리는 짝짓기를 할 때 정포(精包)라는 정자
덩어리 외에도 젤리 모양의 큰 물체를 준다. 그것은 영양분이 풍부
해서 암컷이 즐겨 먹는다(사진 26).[45]

암컷이 체내에서 정포나 정자를 영양원으로 삼아서 흡수하는 곤

사진 27 짝짓기를 하기 전에 암컷에게 먹히는 안쓰러운 수컷 사마귀. © 고마츠 다카시

충은 적지 않은 듯하다.[46] 암컷에게는 짝짓기를 하는 이점이 되며 수컷에게도 자신의 정자와 수정하는 알이 제대로 영양분을 섭취하게 하려는 목적이 있는 것이다.

자기 자신을 선물로 주는 생물도 있다. 수컷 사마귀는 교미 중에 암컷에게 잡아먹히기도 한다. 수컷은 상반신을 잡아먹히면서도 하반신으로는 교미를 마치려고 한다. 분명히 그런 능력을 가진 수컷이 유전자를 남기는 것이리라.[47][48] 다만 모든 수컷 사마귀가 암컷에게 먹혀버리는 것은 아니며, 한 암컷과 잘 교미하고 또다른 암컷과도 교미하는 요령 좋은 수컷도 적지 않다. 반대로 암컷에게 접근하는 데 실패하고 교미를 달성하기 전에 암컷에게 먹혀버리는 안쓰러운 수컷도 있다(사진 27).

넓은 숲이나 초원에서 작은 곤충끼리 서로 만나기란 원래 고밀도로 서식하지 않는 한 매우 낮은 확률의 우연에 의지하는 수밖에 없다. 하지만 곤충은 그런 기회를 가급적 늘리고 효과적으로 이용하기 위해서 여러 가지 수를 쓰고 있다.

사랑의 춤

상세한 내용은 뒤에서 다루겠지만, 대부분의 곤충은 음경을 질에 삽입하는 교미행위를 한다. 하지만 원시적인 곤충인 돌좀목과 좀목은 교미기관이 발달하지 않아서, 교미를 하지 않는다. 그 대신 체외에서 정자가 들어찬 알갱이를 주고받는다.

교미행동은 암컷의 동의 없이 억지로 하는 경우도 많지만, 체외에서 정자 덩어리를 주고받으려면 암컷의 동의와 적극적인 행동도 필요하다. 그래서 이런 곤충은 복잡한 구애행동을 한다.

돌좀(사진 28)의 경우, 암수가 만나면 수컷이 주도하여 빙글빙글 회전하며 춤을 춘다. 그때 수컷은 콧수염으로 암컷을 어루만진다. 그리고 분위기가 고조되면 수컷이 배 부분에서 실을 뽑아 지면에서 비스듬하게 잡아당긴 후 그 중간에 정자 덩어리를 올린다. 그런 후에 암컷의 배 부분의 앞 끝을 정자 덩어리로 유도하고 받아들이게 한다.[49][50]

그외에 지면에 자루가 달린 정자 덩어리를 놓고 암컷을 유도하거나 음경과 비슷한 기관을 암컷의 산란기관 가까이에 내놓고 직접

사진 28 돌좀과의 한 종. © 고마츠 다카시

정자 덩어리를 받게 하는 것도 있다. 좀도 비슷한 춤을 추면서 정자 덩어리를 받게 한다.[51] 원시적인 곤충에게 어울리지 않게 하나같이 매우 섬세하고 흥미로운 행동이다.

돌좀은 주로 축축한 바위 위에 살며 육지에 사는 조류(藻類)를 먹는 방추형 새우 같은 모습을 한 곤충이다. 그리 친숙하지는 않으나, 습도가 높은 숲에서는 쉽게 볼 수 있다.

좀은 한자로는 '지어(紙魚)'라고 하며 영어로는 실버 피쉬(silver fish)라고 한다. 한자 이름처럼 종이에 생기는 곰팡이를 먹거나 오래된 집의 벽 틈새에서 사는 종도 있다.

돌좀과 마찬가지로 좀도 온몸이 비늘 상태의 털로 뒤덮여 있어서 물고기 같아 보인다. 이 구애행동도 어떤 종의 물고기와 비슷하기 때문에, '물고기'라는 뜻이 포함된 이름 자체가 솜을 잘 표현하고 있다고 하겠다.

짝짓기

정조대

생물은 공통적으로 자신의 유전자를 남기고 싶어하는 본능적인 욕구를 가지고 있다. 개구리나 대부분의 어류 등 수생생물의 수컷은 체외수정을 통해서 자신의 정자를 상대의 알과 수정시킬 수 있다. 하지만 교미를 통해서 체내수정을 하는 일이 많은 육상생물은 늘 상대 암컷이 다른 수컷과 교미할 가능성이 존재한다.

사람의 경우에는 그런 가능성에 대한 불안이 질투의 형태로 나타나지만, 동물은 그런 번거로운 일을 하지 않는 대신에 확실한 방법을 쓴다. 자신의 유전자를 우선적으로 남기기 위해서는 수단과 방법을 가리지 않는 것이다. 가장 직접적인 방법은 자신과 교미한 후에 다른 수컷과 교미하지 못하도록 하는 것이다. 옛날에는 인간 사회에도 정조대라는 이름의 금속 열쇠가 달린 속옷이 있었는데, 동일한 것이 곤충에게도 있다.

이른 봄에 나타나는 애호랑나비나 파르나시우스 키트리나리우스(*Parnassius citrinarius*)(사진 29)라는 모시나비속의 작은 호랑나비는 수컷이 교미를 할 때 정포와 동시에 점액을 내보내서 교미 마개(교

사진 29 애호랑나비(왼쪽)와 *Parnassius citrinarius*의 암컷의 배 끝에 달린 교미마 개(오른쪽 : 화살표로 표시된 부분의 삼각 돌기)

미 주머니)라는 뚜껑으로 암컷의 생식기를 덮어버린다. 이로써 암컷 은 다른 수컷과 교미를 할 수 없게 된다. 교미 마개가 있으면 교미 가 끝난 암컷인지 아닌지를 한눈에 알 수 있다.[52][53]

물방개붙이라는 물방개과의 수생 딱정벌레 중에도 교미 마개를 다는 것이 있는데, 암컷이 그것을 다리로 제거하기도 한다. 상대 수 컷의 입장에서 보면 안타까운 일이다.

또다른 수컷과 짝짓기를 하지 못하도록 짝짓기를 계속하는 방법 도 있다. 매미나방(사진 30)이라는 독나방과의 나방은 짝짓기를 하 고 정포를 보낸 후에도 늘 암컷과 붙어 있다.[54] 따라서 암컷에게 유 인된 다른 수컷이 교미를 할 수 없게 된다.

이러한 행동을 교미 후 보호라고 한다. 그밖에도 교미 상태 그대

사진 30 수컷 매미나방. © 오쿠야마 세이이치

사진 31 교미하는 섬서구메뚜
기. © 나가시마 세이다이

로는 아니지만 수컷이 늘 암컷의 등에 업혀 있는 섬서구메뚜기(사진 31)는 교미 후 보호를 하는 대표적인 예이며, 하늘가재과의 딱정벌레도 교미 후에 암컷의 등을 자신의 몸으로 덮고 다른 수컷이 접근하지 못하도록 하는 것이 많다.

강인한 수컷

이미 다른 수컷과 교미를 해서 처녀가 아닌 암컷과 만난 경우에는 정조대가 의미가 없다.

그 점에서 일본물잠자리라는 물잠자리과의 잠자리목 수컷 무리는 조금 강인하다. 이 수컷 잠자리의 음경 끝에는 돌기가 있어서 교

사진 32 수컷 꼬마잠자리(세계에서 가장 작은 잠자리의 한 종). ⓒ 오쿠야마 세이이치

미를 할 때 암컷과 먼저 교미한 수컷의 정포(精包)를 긁어낸다.[55]

또 사람과 달리 곤충의 암컷은 수컷에게서 받은 정포를 체내의 주머니에 보존했다가 산란할 때 정자를 꺼내서 알과 수정시키는 것들이 많다. 미리 암컷의 체내 주머니에 들어 있던 정자가 수정에 사용되는 것이다. 곧 정포를 저장하는 주머니의 입구에 가까운 정자가 먼저 사용된다는 것을 뜻한다.

따라서 꼬마잠자리(사진 32) 등의 잠자리는 먼저 교미한 수컷의 정포를 구석으로 밀어넣은 후에 자신의 정포를 넣는다.[56][57][58]

이처럼 수컷들 간의 정자를 둘러싼 경쟁을 '정자 경쟁'이라고 한다. 이렇게 긁어내거나 밀어넣는 수컷의 정자 경쟁에 함께 참여하는 암컷도 힘들 듯하다. 물론 암컷이 여러 수컷들과 짝짓기를 해온 결과로 그런 수컷의 유전자가 남은 것이므로, 암컷이 선택한 길이라고도 할 수 있다.

사진 33 빈대. © 나가시마
세이다이

이상한 교미

교미는 통상 음경을 질에 삽입하는 것이라고 설명했다. 체내수정
을 하는 육상생물은 대개 그렇게 교미를 하지만, 이런 상식에서 벗
어난 곤충도 있다.

흡혈성 노린재인 '빈대' 무리(사진 33)의 경우, 수컷은 암컷 배의 적
당한 부분에 음경을 꽂고 정자를 흘려보낸다. 종에 따라서는 다르
지만 보통 정자는 혈액을 통해서 암컷의 난소에 해당하는 곳에 도
착하게 되고 수정을 한다.[59] 따라서 암컷 빈대의 배를 자세히 관찰
하면 상처의 유무를 통해서 교미를 했는지 혹은 교미를 하지 않았
는지, 또 교미를 몇 번 했는지까지도 알 수 있다.

빈대의 배에는 특수한 주머니 모양의 기관이 있는데, 외상에 의한
감염을 방지하는 데에 도움이 된다는 설이 있다. 빈대는 일반적인
교미를 일체 하지 않고, 이렇게 조금 색다른 교미 방법만을 취하는

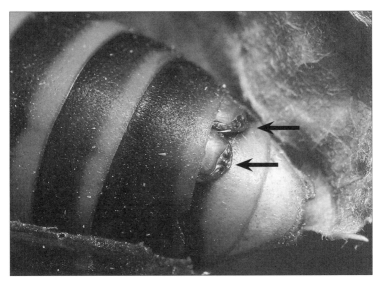

사진 34 좀말벌의 복부 사이에서 얼굴을 내미는 말벌 부채벌레 암컷(화살표). © 고마츠 다카시

데 그 이유는 제대로 알려지지 않았다.[60][61]

그리고 부채벌레목이라는 (아마도) 딱정벌레에 가까운 것으로 보이는 곤충들이 있는데, 모든 종이 다른 곤충들의 몸에 기생하고 있다. 많은 종의 수컷이 날 수 있지만 암컷은 구더기 같이 생겼으며, 머리 부분 정도만을 밖으로 내놓고 숙주의 체내로 들어가게 된다(사진 34).

수컷 성충의 수명은 극히 짧아서 암컷을 찾아 부지런히 날아다닌다. 그리고 암컷을 발견하면, 교미기관에 상당하는 부분을 비롯해서 적당한 곳에 음경을 넣어 교미를 시도한다.[62] 암컷의 몸은 대부분이 난관이어서 정자는 혈액을 타고 다수의 알에 전달될 수 있을 것이다.

그밖에도 초파리가 이와 비슷한 교미행동을 한다.[63] 이 행동에도 어떤 의미가 있는지는 밝혀지지 않았지만, 보통의 교미보다 무엇인가 대응적인 의미가 있는 듯하다. 다른 수컷이 정자를 긁어내거나 밀어넣지 못하도록 하기 위한 의미가 있을지도 모른다.

동성애

통상적인 짝짓기에서는 당연히 교미한 수컷의 정자가 암컷에게 전해진다. 그러나 곤충의 상식을 깨는 행동은 끝을 알 수 없다.

꽃노린재과에 속하는 노린재의 한 종은 수컷끼리 교미를 한다. 교미라고 해도 수컷은 질이 없으므로 빈대처럼 수컷의 배 부분의 적당한 곳에 음경을 삽입하고 정자를 흘려보낸다.[64]

음경을 삽입하는 수컷을 T군, 삽입을 당하는 수컷을 N군이라고 하고 설명하면, T군이 쏟아낸 정자는 N군의 정소(精巢)로 가서 그 안으로 들어간다고 한다.

그후에 정자가 어떻게 되는지는 아직 밝혀지지 않았지만, N군이 암컷과 교미를 하면 T군의 정자도 함께 암컷의 몸속으로 들어갈 가능성이 있다. 즉 T군은 다른 수컷인 N군에게 정자를 맡겨 N군이 교미를 할 때 자신의 정자를 사용하도록 하는 것이다. 만약 그것이 사실이라면, T군이 직접 교미를 하면 되지 않을까 싶지만, 어쩌면 자신의 정자가 수정에 이용될 기회를 조금이라도 늘리기 위한 방법일지도 모른다.

이러한 동성애 행동은 거짓쌀도둑거저리라는 거저리과의 딱정벌레도 하는 것으로 알려져 있으며, 그 종의 경우에는 오래되어 질 나쁜 정자를 다른 수컷의 몸속에 버리기 위한 사정행동일 가능성도 있을 것이다.[65]

암수 역전

브라질의 동굴에 서식하는 네오트로글라 쿠르바타(*Neotrogla curvata*)라는 다듬이벌레목의 곤충에게서 음경 모양의 기관을 갖춘 암컷이 그것을 수컷의 질 모양으로 된 교미기관에 삽입해서 정포를 빨아들이는 행동이 관찰되었다. 즉 교미의 관계에서 암수가 뒤바뀐 것이다. 다듬이벌레 수컷의 정포에는 영양물질이 붙어 있어 암컷이 그것을 적극적으로 원하기 때문에 이런 교미 형태가 생겼다고 한다.

앞에서 설명했듯이 통상의 성 선택에서는 수컷이 정자를 만드는 것보다 암컷이 알을 낳는 것이 더 힘들기 때문에 암컷이 수컷을 고르고, 수컷끼리 경쟁하는 방향으로 진화한 경우가 많다. 그러나 이 다듬이벌레는 수컷의 영양물질이 힘들게 생산되기 때문에, 수컷에게 더 많은 짝짓기의 기회가 생기면서 성 선택의 역전이 일어난 것 같다.

그리고 대부분의 곤충은 수컷이 암컷의 등에 올라타서 음경을 질에 삽입한다. 그러나 이 다듬이벌레는 체위 역시 완전히 역전되어 암

사진 35 *Neotrogla curvata*의 교미 : 위가 암컷이고 아래가 수컷(브라질). © 로드리고 페레이라

컷이 주도적으로 수컷의 등에 올라타서 교미를 한다.[66]

새끼 죽이기

새끼를 죽이는 행동은 사자나 회색랑구르라는 원숭이의 수컷에게서 관찰할 수 있다. 두 종 모두 할렘을 형성하는데, 새로운 할렘을 형성할 때 그곳에 있던 새끼(다른 수컷의 새끼)를 죽인다. 이유로는 여러 가지 설이 있는데, 새끼를 키우는 동안은 암컷이 발정하지 않으므로 새끼를 죽여서 자신의 교미 기회를 빨리 얻고 확실한 자신의 유전자를 남기기 위한 것이라는 설이 유력하다.

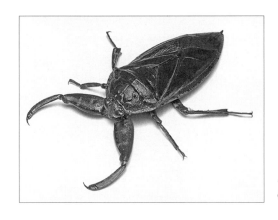

사진 36 물장군 암컷.
© 오쿠야마 세이이치

곤충 중에서도 동일한 행동을 보이는 것이 있는데, 이것도 암수가 역전되어 있다.

물장군(사진 36)은 수생의 대형 노린재인데, 논이나 연못에서 서식하며 개구리나 물고기를 먹는 육식 곤충이다. 물장군의 암컷은 수면에서 튀어나온 나무 말뚝이나 식물에 60-100개 정도의 알을 모아서 낳고, 수컷은 그 알 덩어리를 덮어서 보호한다. 수컷은 물속과 알 덩어리를 오가면서 알이 습도를 유지하면서 부화할 때까지 지킨다. 수컷이 알을 보호하지 않으면, 알은 썩어서 부화하지 못하게 된다.

암컷은 물속에서 수컷을 발견하면 교미를 재촉하고 산란을 한다. 이때 수컷은 그때까지 자신이 지키고 있던 알 덩어리를 내버려두고 새로운 알을 지키기도 한다. 때로 암컷은 수컷이 기존에 보호해 온 알 덩어리를 발견하고는 부숴버리기도 한다. 즉 수컷의 새끼를 죽이는 것이다. 알이 부서진 수컷은 그 암컷과 교미하여 낳은 알을

지키게 된다.[67]

왠지 전부 암컷 마음대로 하는 것 같아서 수컷이 불쌍하게 여겨지기도 하지만, 이런 물장군 암컷의 행동은 상당히 흥미롭다. 아마도 알을 지켜주는 수컷을 둘러싸고 암컷들 간에 경쟁이 있는 것처럼 보이기도 한다. 최근에 연구된 바가 없어서 더욱 흥미로운 연구 과제라고 할 수 있다.

일정한 음경 크기의 법칙

곤충과 사람의 차이점 중의 하나는 각각 외골격과 내골격이라는 것이 있다는 것이다. 즉 곤충이나 새우 같은 절지동물은 '뼈'에 해당하는 기능을 가진 부분이 몸의 바깥을 둘러싸고 있는 데 반해서 우리 인간이나 어류 등의 척추동물은 뼈가 몸속에 있다.

그리고 교미기관의 구조에서도 차이가 나타난다. 즉 곤충은 음경이나 질도 유연성과 신축성이 거의 없는 외골격으로 되어 있다. 따라서 곤충의 경우에 암컷의 교미기관(질)과 수컷의 교미기관(음경)이 각각 자물쇠와 열쇠의 관계를 이루는 것이 많다.

생물은 기본적으로 다른 종과의 짝짓기를 피한다. 자손을 남기지 않는(수정이나 발생이 일어나지 않는) 쓸데없는 짝짓기가 되는 경우가 많고, 잡종이 생겼다고 하더라도 환경에 적응하지 못하고 사멸될 확률이 높으므로 결과적으로 자신의 유전자를 남길 수 없기 때문이다.

여하튼 생물 중에서는 확실한 자물쇠와 열쇠의 관계가 형성되어 다른 종과 쓸데없는 교미를 하지 않는 생물도 있다.[68] 이러한 현상을 '교배 전 생식 격리'라고 하는데, 이밖에도 앞에서 이야기한 페로몬 등의 화학물질을 인식하고 교미 전에 서로 같은 종인지 아닌지를 구분하는 경우도 많다.

그런데 확실한 자물쇠와 열쇠의 관계가 있으면, 가령 영양 상태가 좋아서 크게 성장한 수컷 성충과 영양 상태가 좋지 않아서 제대로 성장하지 못한 암컷 성충이 교미를 하지 못하는 문제가 발생하기도 한다. 즉 큰 열쇠가 작은 자물쇠 구멍에 들어가지 않을 가능성이 있다.

그 점에서 하늘가재 무리는, 특히 수컷 성충은 크기의 개체변이가 까다로운데, 자물쇠와 열쇠의 관계가 어떨까? 다수의 톱사슴벌레(사진 37)를 대상으로 몸의 곳곳을 계측한 연구 결과를 통해서, 몸의 다른 부분의 변이에 비해서 수컷의 음경의 크기 변이가 적다는 사실을 알아냈다.[69] 즉, 작은 수컷이든 큰 수컷이든 음경의 크기는 거의 같아서 교미를 할 수 있도록 되어 있는 것이다. 그밖에도 성충의 몸의 크기에 변이가 있는 곤충들이 있는데, 그것들은 어떤지 궁금하기도 하다.

참고로 우리는 하늘가재의 작은 수컷 성충을 두고 아직 '새끼'이므로 앞으로 커질 것이라고 자주 오해한다. 그러나 성충이 된 곤충은 특별한 예외를 제외하고는 결코 커지지 않는다.

사진 37 톱사슴벌레 수컷. ⓒ 나가시마 세이다이

많은 새끼 혹은 외동

클론 증식

클론(clon)은 동일한 기원을 가지고 있으며 동일한 유전자를 가진 개체를 말한다. 이것을 인공적으로 시행하는 클론 기술은 장래성과 윤리적 관점에서 현대 과학 중에서도 주목되는 연구기술이다.

곤충들 가운데에는 클론으로 증식하는 것들이 있다. 분열해서 늘어나는 세균이나 원생동물이라면 그렇다고 쳐도, 곤충처럼 비교적 복잡한 몸의 구조를 가진 동물에게서 그런 특징이 보인다는 사실은 꽤 흥미롭다.

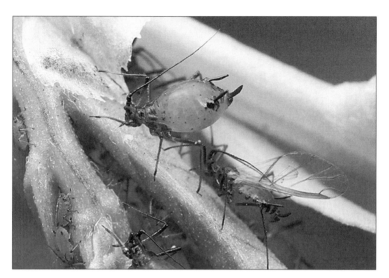

사진 38 누에콩 위에 있는 긴꼬리볼록진딧물. © 고마츠 다카시

암수가 있는 생물임에도 불구하고 암컷이 수정을 하지 않고 새끼를 낳는 것을 단위생식(單爲生殖)이라고 한다. 노린재목의 진딧물과 무리(사진 38)의 경우, 난태생(卵胎生) 단위생식이라고 하여 자신과 같은 유전자를 가진 클론을 낳는다. 게다가 그 클론은 마치 러시아의 마트료시카 인형처럼 이미 자식을 품고 있다. 식물의 즙을 흡수하는 진딧물은 이런 과정에 의해서 폭발적으로 증식하게 된다.[70][71] 가을이 되면 수컷이 태어나고 이때만 교미(유성생식)를 하여 알을 남긴다. 그 알은 다음 봄에 부화하며 다시 클론을 낳고 증식하는 식이다.

또 몇몇 과의 기생벌들에는 '다배성 기생벌'이라는 것이 있는데, 하나의 알이 분열을 반복하며 증식한다. 사람으로 치면, 수정란이 둘

사진 39 국화금무늬밤나방의 알에 산란하는 *Litomastix maculata*(왼쪽 위), 국화
금무늬밤나방의 유충(오른쪽 위), *Litomastix maculata*의 보통의 유충(번식유충)(왼
쪽 아래), 병정유충(오른쪽 아래). ⓒ 이와부치 기쿠오

로 분열한 결과로 태어나는 일란성 쌍둥이 같은 것인데, 그러나 이
것과는 분열횟수에서 확연한 차이가 있다.

　깡충좀벌과의 리토마스틱스 마쿨라타(*Litomastix maculata*)(사진
39)는 국화금무늬밤나방 등의 밤나방과의 나방이 낳은 알에 작은
알을 하나 낳는다. 이 알은 나방 유충의 성장과 함께 분열을 반복
하고 수천 개의 알(배자)로 증식한다. 즉, 부화한 유충이 나방 유충
의 몸을 먹어치우면서 최종적으로 나방 유충의 몸속을 깡충좀벌 유
충이 차지하게 된다.[72]

　기생벌은 다른 기생벌과의 경쟁에 항상 노출되어 있다. 같은 나방

의 유충에 다른 벌이 산란하면 그것들 사이에 살육전이 벌어진다. 이 깡충좀벌의 클론 가운데에서 몇십 퍼센트는 조숙유충이라고 하는데, 다른 기생벌의 유충을 잘 발달한 큰턱으로 공격하는 역할을 한다. 그 유충은 성충이 되지 못하고 병정 역할을 마치면 죽는다.[73]

하나의 알이 수천 개로 분열하는 것도 경이롭지만, 자신의 분신 가운데 일부가 다른 모습으로 다른 역할을 한다니, 표현할 수 없을 만큼 신비롭다.

트로이의 목마

벌 무리 중에는 재미있는 번식 형태를 취하는 것이 많다.

펨프레도니나이과(Pemphredoninae) 무리는 진딧물을 사냥해서 집에 모아두고 그 덩어리 위에 산란하는 사냥벌이다. 펨프레도니나이의 유충은 그 진딧물을 먹고 성장한다.

프세우도말루스속(Pseudomalus)과 오말루스속(Omalus)의 청벌류(사진 40)는 펨프레도니나이 무리에 기생하는 벌 무리인데, 그 방법이 흥미롭다.

우선 청벌류는 많은 진딧물에 계속 자신의 알을 낳는다. 청벌류는 알을 낳은 진딧물을 펨프레도니나이가 사냥하여 집으로 가져가면, 부화한 청벌류의 유충은 펨프레도니나이의 집에서 진딧물을 가로채서 성장한다.[74]

요컨대 뻐꾸기의 탁란(托卵 : 어떤 새가 다른 새 둥지에 알을 낳아

사진 40 진딧물에 산란하는 *Omalus aeneus.* ⓒ 고마츠 다카시

서 그 새가 알을 품고 까서 기르게 하는 습성/역주)과 같은데, 뻐꾸기가 직접 숙주의 둥지에 알을 낳는 것과 달리 그 산란방법이 굉장히 우회적이다. 때문에 아마도 대부분의 진딧물은 펨프레도니나이에게는 잡히지 않을 것이다. 게다가 유충은 자력으로 식물 위의 진딧물을 먹을 수 없으므로, 청벌류의 산란은 무용지물로 끝나는 경우가 많다.

트로이의 목마라는 말이 있다. 트로이 전쟁에서 그리스 군의 병사들이 숨어 있는 거대한 목마를 트로이 인들이 자신의 성 안으로 끌여들였다고 하는 그리스 신화의 이야기에서 유래한다. 진딧물은 목마, 청벌류의 알은 그 속에 숨은 병사들에 비유할 수 있겠다.

복권 당첨의 확률

기생성 곤충 중에는 청벌류 이외에도 우회적인 방법으로 기생하는 것들이 있다.

갈고리벌과 무리(화보 4페이지) 중에 말벌에 기생하는 것이 있는데, 그 방법은 청벌류보다도 더 우회적이어서 마치 복권을 사는 행위와 같다.

우선 갈고리벌은 식물 위에 상당히 많은 알을 낳는다. 그후 잎을 먹는 애벌레가 잎과 함께 알도 먹는다. 애벌레에게 손상된 알은 애벌레의 몸속에서 부화된다. 그러면 말벌이 그 애벌레를 잡아서 고기완자로 만든 다음 집으로 가져가서 유충에게 준다. 운 좋게 말벌 유충의 몸속으로 들어간 갈고리벌 유충은 말벌의 몸을 안에서부터 먹기 시작한다. 그러다가 몸 밖으로 나와서 몸 전체를 먹어치우게 된다.[75][76]

갈고리벌 알의 대부분은 식물 위에 산란된 채로 있는데, 만약 애벌레에게 먹힌다고 해도 그 애벌레가 말벌에게 잡힐 가능성은 상당히 낮다. 이렇게 복권 당첨 수준의 확률에 운명을 맡기는 탓인지 갈고리벌은 개체수가 적은 진귀한 종이 많다.

방대한 수의 알

청벌류나 갈고리벌처럼 되는 대로 산란하는 기생성 곤충은 방대

사진 41 *Meloe coarctatus*의 수 컷. ⓒ 오쿠야마 세이이치

한 수의 알을 낳는 것들이 많다.

가뢰과의 가뢰속 딱정벌레(사진 41)는 유충 시절에 꽃벌류의 집에서 기생한다. 땅속에 산란된 알에서 부화한 유충은 식물의 꽃에 기어올라가서 그곳을 찾는 숙주인 꽃벌을 기다린다. 가뢰 무리가 기생할 수 있는 것은 통상 한 종에서 몇 종 정도의 꽃벌이다.

다행히도 숙주인 꽃벌이 오면 손톱이 발달한 유충은 꽃벌에 매달려 집으로 따라간다. 그리고 꽃벌이 낳은 알을 먹은 후 꽃벌이 모은 꽃가루를 먹으면서 느긋이 성장한다.[77]

부화한 유충 중에는 꽃 위에서 며칠 동안의 수명을 다하는 것도 많고, 여러 다른 종의 꽃벌이나 다른 곤충에게 실수로 매달려 본래 의도와 무관한 곳으로 가는 경우도 많다. 따라서 가뢰는 종에 따라서 수천 개에서 1만 개 이상의 알을 낳는다. 이 역시 복권 같은 도박이다.[78]

그리고 가뢰 무리는 유충기에 형상이 탈바꿈되는 과변태(過變態,

hypermetaboly)를 한다. 부화한 유충은 벌에 매달리기 위해서 손톱이 발달한 삼조유충(三爪幼蟲)의 형태를 가지며 잘 걸어다닐 수 있다. 집에 도달하면 걸을 필요가 없어져 땅딸막하게 살찐 구더기 같은 유충으로 성장한다. 그후 의용(擬蛹)이라고 하는 움직이지 않는 유충을 거쳐 번데기가 된다.

이 과변태는 왕꽃벼룩과의 딱정벌레, 부채벌레목, 꼽추등에과나 재니등에과의 파리, 개미살이좀벌과의 벌, 사마귀붙이과의 곤충(명주잠자리와 똑같은 풀잠자리목) 등 기생성 곤충에서 자주 볼 수 있다. 아마도 기생성이라는 생태에 적응한 생활방법 중 한 가지일 것이다.

두 가지 번식전략

생물의 한 개체가 낳는 새끼의 수에는 다양한 의미가 있다. 가령 사람의 경우, 역사적으로 보면 많이 낳고 또 많이 죽던 다산다사(多産多死)에서 많이 낳고 적게 죽는 다산소사(多産少死)로 바뀌면서 인구폭발이 일어나고, 점차 적게 낳고 적게 죽는 소산소사(少産少死)로 이행한다고 하겠다.

생물은 서식환경의 기후가 혹독하거나 생존이 우연에 좌우되는 경우가 많을 때에는 많은 자식을 낳는 방법을 쓴다. 이것을 'r 전략' (비율이라는 뜻의 영어 rate에서 따온 것으로 여기서는 개체성장률을 의미한다/역주)이라고 한다. 반면에 다수의 경쟁자가 있거나 새끼를 많이 낳았음에도 불구하고 대개가 너무 작아서 자라지 않는 경우에는 소수의 큰 새끼만 확실히 성장시키는 방법을 쓴다. 이것이 바로 'K 전략'(수송량 한계를 의미하는 독일어 Kapazitätsgrenze에서 따왔다/역주)이다.

많은 생물이 낳는 새끼의 수는 이러한 분류로 설명할 수 있다. 가령 지금까지 소개해온 기생성 곤충은 전형적인 r 전략을 쓴다.

그러나 곤충들 가운데에는 생태에 대해서 일률적으로 해석할 수 없는 것들이 적지 않다. 알을 한 번에 하나밖에 낳지 않는 곤충들이 있는데, 뒤에서도 이야기하겠지만, 그것이 K 전략은 아닌 것처럼 말이다.

거대한 알

유럽 남부에서 서식하는 동굴성의 장님애송장벌레의 무리(화보 4 페이지)에 대해서 들어본 사람도 있을 것이다. 이 벌레들은 표주박 모양의 체형을 하고 있으며 알을 적게 낳는 것이 많다. 게다가 극단적인 경우에는 거대한 알을 하나만 낳기도 한다. 알에서 부화한 유충은 아무것도 먹지 않고 번데기를 거쳐 성충이 된다.[79]

장님애송장벌레는 동굴 안에 떨어져 있는 다른 작은 동물의 사체를 먹는다. 그러나 동굴은 전체적으로 생물의 서식밀도가 낮으므로 먹이가 매우 부족하다. 보행 능력이 높은 성충은 먹이를 찾으러 돌아다닐 수 있지만, 그렇지 못한 유충은 먹이를 찾기가 어렵다. 따라서 하나의 거대한 알 속에 유충에서 성충이 되는 데에 필요한 모든 영양분을 투입하는 방법을 취한 것이다.

프틸리이다이과(Ptiliidae)의 딱정벌레도 한 개 내지 몇 개 정도의 알을 낳는 것이 많다. 프틸리이다이과에는 작은 종이 많은데, 가장 작은 것은 0.4밀리미터 정도로 곤충 중에서도 최소급에 속한다.

애당초 곤충의 몸이 작아지는 데에는 한계가 있으며, 가장 작은 것은 다듬이벌레의 알에 산란하는 수컷 기생벌로 그 크기는 0.139 밀리미터밖에 되지 않는다. 암컷도 0.2밀리미터 정도이다. 이보다 작은 곤충은 알려진 바가 없다.

딱정벌레 무리에서 가장 작은 미카도속(Mikado)의 한 종을 대상으로 한 연구에서는 신경계와 골격의 질량과 더불어 알의 크기가 소형화를 제한하는 것으로 밝혀졌다.[80] 즉 알의 '소형화'에는 한계가 있으므로 성충의 몸이 작아도 어느 정도 크기의 알을 낳을 수밖에 없는 것이다.

또 프틸리이다이의 일종 중에는 거대한 알의 크기에 맞추어 자신의 몸길이보다 더 길고 큰 정자를 가지고 있다가 교미 상대인 암컷에게 전달하는 것도 있다.[81]

보통, 동물의 정자에는 올챙이의 꼬리처럼 생긴 알을 향해 헤엄치기 위한 편모(鞭毛)라는 기관이 달려 있는데, 이 기능이 필요 없는 탓인지 다른 종의 프틸리이다이에서는 편모가 없는 정자를 가진 것도 발견되었다.[82]

사진 42 *Termitotrox cupido*(왼쪽)와 그것의 몸속의 알(오른쪽 : 회색 동그라미)

키위 현상

최근 내가 발견하여 신종으로 발표한 테르미토트록스 쿠피도 (*Termitotrox cupido*)(사진 42)라고 하는 흰개미 집에 사는 풍뎅이과의 무리는 몸길이가 1밀리미터 정도밖에 되지 않으며, 몸길이의 약 절반을 차지하는 큰 알을 하나 낳는다.[83] 아마도 프틸리이다이와 같은 이유로 소형화의 한계를 맞은 것이리라.

같은 딱정벌레 가운데 오스트레일리아의 보라금풍뎅이과의 일종도 암컷이 자신의 체중의 절반이 넘는 큰 알을 하나만 낳는다.[84] 이 곤충은 먹이가 부족한 건조한 땅에 사는데, 역시 유충이 먹이를 먹지 않고 성장할 가능성이 있다.[85]

또 양이파리과(사진 43)라는 조류나 포유류에 기생하는 파리가

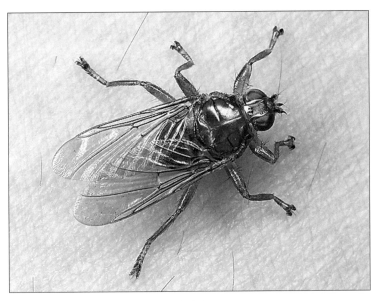

사진 43 양이파리의 한 종. © 고마츠 다카시

있다. 편평한 모습을 한 특이한 파리로 동물의 털 틈새를 재빠르게
달리는 행동에 뛰어나며, 숙주의 피를 빨아 먹으며 생활한다.

　이 파리는 배 부분의 체내에서 자란 성숙한 유충을 한 마리만 낳
는다. 이 유충도 아무것도 먹지 않고 번데기를 거쳐 성충이 된다. 기
생이라는 생활에 적응한 성장양식일 테지만, 다른 기생성 파리 중에
는 유충기를 가지는 것도 있어서 바로 성충이 되는 정확한 이유는
알 수 없다.

　알을 하나만 낳는 이유로는 동굴이나 사막처럼 먹이가 부족한 환
경에 대한 적응, 기생성과 같은 특수한 환경에 대한 적응, 그리고 프
틸리이다이처럼 몸의 크기와의 관련성이라는 세 가지를 들 수 있다.

뉴질랜드의 키위(kiwi)라는 특이한 새는 거대한 알을 하나만 낳는 것으로 유명하다. 그래서 나는 곤충이 거대한 알을 하나만 낳는 것을 키위 현상이라고 부른다.

기능과 형태

곤충의 특성을 공업제품에 활용

나는 생물의 행동과 형태에는 무의미한 것이 거의 없다고 생각한다. 쓸데없는 행동은 에너지의 낭비로 이어지고 대개 그런 행동을 하는 생물은 도태되기 때문이다. 즉 그런 특징을 가진 개체는 죽고 그외의 개체가 살아남는다.

물론 모두가 그런 것만은 아니다. 번식이나 생존에 영향이 없는 것이 사용하지 않는 형태로 발달하거나 남아 있기도 하다. 그런 연유로 일부의 예외를 제외하고 대부분의 생물이 가지고 있는 형태에는 어떠한 의미가 있다. 그리고 최근에 '생물 모방'이라고 하여 생물이 가진 특질을 연구하여 그것을 공업제품에 활용하는 사업이 활발해지고 있다.

예를 들면, 곤충의 기본적인 성질이라고 할 수 있는 정교한 비행, 수영, 도약은 지금도 인간이 재현하기 어려운 역학적인 정확성에 기초하고 있다. 아직까지 인간의 기술로도 파리처럼 자유자재로 날 수 있는 작은 장치를 만들지 못했다.

사진 44 울고 있는 방울벌레 수컷

그밖에도 작은 매미나 방울벌레(사진 44)가 그렇게 큰 소리를 내고 다양한 곤충이 미끄러운 벽을 기어오를 수 있는 것, 많은 벌레의 몸 표면이 그리 더러워지지 않는 것 등 곤충의 능력과 그것을 가능하게 하는 형태적 특징 중에는 사람이 배워야 할 것이 매우 많다.

포유류나 조류 이상으로 중요한 것도 있어서 다시 한번 곤충의 다양성의 가치를 깨닫게 된다.

섭씨 100도의 방귀

폭탄먼지벌레(사진 45)라는 길이 2센티미터 정도의 딱정벌레가 있다. 방귀를 뀌는 곤충으로도 유명하다.

'방귀'라고 하면 귀여운 느낌이 들지만, 이 벌레의 방귀는 우리가

사진 45 폭탄먼지벌레. ⓒ 오쿠야마 세이이치

상상하는 것과는 다르다. 무려 섭씨 100도의 방귀를 각도마저 조정해가며 적을 향해서 효율적으로 분사한다.

나도 몇 번 당했는데, 폭탄먼지벌레는 '붕' 하는 소리와 함께 연기를 뿜는다. 손가락에 '방귀'가 닿으면 순간적으로 열기가 느껴지며 강력한 냄새와 갈색 얼룩이 남는다. 얼룩은 가벼운 화상을 입은 것인데, 나중에 피부의 껍질이 벗겨지기도 한다. 사람에게도 이렇게 강력한 정도이니, 실수로 먹으려고 그것에게 덤빈 개구리 등 포식자들은 상당히 험한 꼴을 당했을 것이다.

그런데 이 '방귀'는 어떻게 발생하는 것일까? 섭씨 100도의 기체를 몸속에 가지고 있으면, 당연히 벌레 자체가 높은 온도로 인해서 죽게 될 것이다. 실은 폭탄먼지벌레의 배 부분에는 하이드로퀴논(hydroquinone)과 과산화수소라는 두 가지 화학물질을 저장하는 주머니가 있다. 위험을 느끼면 두 물질을 복부 앞쪽의 작은 방으로 흘려보내는데, 거기에서 효소가 반응하여 폭발하는 것이다.[86] 이런 반응이 일어날 때 벤조퀴논(benzoquinone)과 물이 합성되는데, 벤조퀴논의 냄새가 상당히 강력하다.

폭탄먼지벌레는 그렇게 복잡한 화학합성을 순간적으로 해내며 몇 번씩 연속해서 방귀를 뀌는 것도 가능하다. 폭탄먼지벌레에게는 미안하지만, 등을 누르면 '붕, 붕' 하고 방귀를 뀌니 나도 모르게 장난을 치게 된다(나중에는 나오지 않는다).

대개 곤충은 작은 몸으로 큰 일을 한다. 특히 폭탄먼지벌레처럼 작은 몸에서 이렇게 거대한 폭발을 몇 번이고 일으킬 수 있는 곤충이 있다는 점을 생각하면, 왠지 인류에게 도움이 될 만한 것을 개발할 수 있을 듯한 가능성이 느껴진다.

고기잡이 등불

그런 점에서는 반딧불이의 밝은 빛도 마찬가지이다. 작은 벌레가 어떻게 그런 밝은 빛을 내뿜는 것일까? 사실 아직 밝혀지지 않은 것들뿐이지만, 기본적으로는 체내에 있는 루시페린(Luciferin)이라고 총칭되는 물질과 루시페라제(Luciferase)라는 효소가 화학반응을 일으키며 빛 에너지로 바뀌어 빛을 발산하게 되는데, 에너지 효율이 상당히 높다.[87][88][89]

이밖에도 발광하는 곤충들이 있는데, 대표적인 것은 오스트레일리

사진 46 발광방아벌레의 한 종인 *Pyrophorus* sp.(페루). © 고마츠 다카시

아와 뉴질랜드에 서식하고 있는 글로우 웜(GlowWorm)이라는 파리의
유충과 남아메리카에 사는 발광방아벌레라는 딱정벌레 무리이다.

앞에서 썼듯이 반딧불이는 주로 짝짓기 행동에 빛을 이용한다. 전
등에 벌레가 모이듯이 대부분의 곤충은 빛에 유인되는 주광성(走光
性)을 가지고 있다. 그러므로 발광하는 곤충은 주로 포식에 빛을
이용한다. 즉 고기잡이 등불인 셈이다.

글로우 웜의 경우, 동굴의 천장이나 벼랑에서 자신의 점액이 묻은
실을 늘어뜨린다. 그리고 자신의 빛으로 유인한 작은 곤충을 이 실
로 움직이지 못하게 한 다음 잡아먹는다.[90] 일본에도 같은 케로플
라티다이과(Keroplatidae)의 파리가 있으며 그 유충 역시 빛을 발산
하는데, 빛을 무엇에 이용하는지는 밝혀진 바가 없다.[91]

발광방아벌레의 유충에 대해서는 일부 종에서 생태가 밝혀졌다. 흰개미집에 유충이 사는 종의 경우, 그 유충은 집에서 머리를 내놓고 있다가 빛을 향해서 달려드는 흰개미의 날개미 등을 포식한다.[92] 참고로 그 성충(사진 46)도 빛을 내뿜으며, 그 빛은 반딧불이의 빛보다도 훨씬 더 강력하다. 남아메리카에서는 밤에 밀림을 걸을 때 엄지발가락에 발광방아벌레를 묶어놓는 사람도 있다고 한다.

다만 발광방아벌레의 경우에 어째서 성충이 빛을 발산하는지는 알 수 없다. 애당초 성충이 어떻게 번식행동을 하는지도 알려져 있지 않다. 어쩌면 일부 반딧불이처럼 경고색의 의미가 있을지도 모른다.

가장 기발한 곤충

생물의 형태에는 대부분 의미가 있다고 했는데, 그런 점에서 의문이 생기는 곤충이 있다. 바로 뿔매미 무리(화보 6페이지)이다. 뿔매미는 노린재목에 속하는 2-20밀리미터 정도밖에 되지 않는 작은 곤충으로 매미라는 이름이 붙었지만, 매미와는 다른 목에 속하는 먼 관계이다.

뿔매미과는 세계적으로 3,000종 정도가 알려져 있는데, 신기하리만치 형태가 다양하다. 특히 남아메리카에 서식하는 뿔매미의 형태는 놀라울 정도인데, 그중에서도 무섭도록 기발한 뿔매미의 형태를 접하고는 '이런 형태에 의미가 있는가?' 하는 의문이 들었다.

뿔매미의 뿔은 모두 전흉배판(前胸背板)이라는 부분의 돌기를 말하는데, 종에 따라서 형태의 변이가 상당히 크다.[93] 예를 들면, 네혹뿔매미는 위쪽에 한 개의 돌기가 나 있으며 그 끝이 옛날 텔레비전 안테나처럼 복잡하게 분기되어 있다. 초승달뿔매미는 위쪽과 뒤쪽에 난 뿔이 굽어서 전체적으로 원을 그리는 모양을 하고 있다. 필로트로피스 파스키아타(*Phyllotropis fasciata*)는 좌우로 얇은 반원의 몸을 가지고 있으며 뿔 부분에 이상한 모양도 있다. 또 헤테로노투스 호리두스(*Heteronotus horridus*)는 뿔이 벌의 몸통처럼 변형되어 멀리서는 벌로 보인다.

헤테로노투스 호리두스는 벌을 의태하고 있다는 점에서 뿔의 목적이 분명하지만, 다른 뿔매미의 뿔에는 어떤 의미가 있는 것일까? 감각기관이라는 의견도 있었지만,[94] 그렇다면 보통의 곤충과 공통되는 것이므로 극히 기발한 형태의 의미를 설명하기에는 부족하다. 또 정향진화(定向進化)라고 하여 대부분 특별한 의미 없이 무제한으로 진화가 진행되는 현상이라고 해석한 적도 있다. 그러나 근거가 희박해서 현대 과학에서는 수긍하지 않는 분위기이다.[95]

추측이기는 하지만, 이미 일부 종에서 밝혀졌듯이, 나는 각각의 형태에 따라서 어떤 기능이 있다고 믿는다. 남아메리카의 서식환경에서 관찰하고 채집해본 나의 경험에서 볼 때, 뿔매미의 뿔은 우선 새가 먹었을 경우 목에 걸리기 쉽고, 입에 넣었을 경우 아파서 포식자가 기피하게 되는 효과가 있다. 또 열대에는 개미가 많고 형태도 다양하므로 개미를 싫어하는 포식자에게 개미와 비슷하게 보이는 효과를 낸다는 설명 등으로 대개의 종은 설명이 가능한 것 같다.

실제로 일부 가시가 있는 뿔매미는 도마뱀이 삼키지 못한다는 관찰 사례들도 있다고 한다.[96] 그리고 초승달뿔매미는 마른 이파리와 비슷한 형태이며 그밖에도 식물을 닮은 종이 많다. 필로트로피스 파스키아타의 뿔은 자신에게 독이 있다는 것을 표시하는 깃발 역할을 하는지도 모른다. 그뿐만 아니라 오이다 인포르미스(*Oeda informis*)처럼 곤충이 벗어놓은 허물과 비슷하게 생겼거나 노토케라(*Notocera*)의 한 종처럼 곰팡이가 핀 벌레의 사체를 닮은 것도 있다. 게다가 헬멧뿔매미처럼 뿔이 벗겨지기 쉬워서 마치 도마뱀이 꼬리를 잘라내는 것과 같은 기능을 가진 개체도 발견된다.[97]

전흉배판의 비밀

물론 어떠한 기능이 있다고는 해도 유독 남아메리카의 뿔매미만 형태적으로 다양한 까닭은 설명되지 않는다. 그런 형태가 '필요하다면' 다른 곤충, 그리고 다른 지역에서도 비슷한 다양화를 보일 법하지 않을까?

생물에는 수렴진화(收斂進化, convergent evolution)라는 현상이 빈번히 발생한다. 쉽게 말하면 계통적으로 다른 조상에게서 유래한 생물이 각각 다른 지역에서도 환경에 따라서 비슷한 모습의 생물로 진화한다는 의미이다.

예를 들면, 오스트레일리아는 옛날부터 다른 대륙으로부터 고립되었는데, 유대류(有袋類)라는 오랜 계통의 포유류가 계속해서 서식하고 있다.

오스트레일리아가 고립되어 있을 때 크고 작은 육식짐승과 초식짐승 등의 다양한 포유류(태즈메이니아주머니늑대, 주머니날다람쥐, 주머니개미핥기, 남부주머니두더지 등)가 진화했다. 동시에 그외의 지역(아프리카, 유라시아, 남북 아메리카)에서 서식하는 유태반류(有胎盤類)라는 한 계통에서 비슷한 모습과 생태를 가진 포유류(늑대, 날다람쥐, 개미핥기, 두더지 등)가 독자적으로 다양하게 나타나게 되었다.

이런 현상은 오스트레일리아 말고도 다른 지역에 초원이나 산림처럼 서로 공통된 자연환경이 있어서 각각의 포유류가 비슷한 다양화를 이룩한 결과로서 나타난다. 이것을 수렴진화라고 하는데, 남아메리카의 뿔매미와 다른 곤충(혹은 다른 지역의 뿔매미)에게서 수렴진화가 발생하지 않은 점은 신기하다. 즉 자연환경에서 뿔매미의 형태가 반드시 다양하고 기발해져야 할 필연성은 없다고도 볼 수 있을 것이다.

진화가 돌연변이와 수많은 자연선택의 반복을 통해서 일어난다는 것을 생각할 때, 뿔매미는 전흉배판의 형태에 특히 돌연변이가 더 발생하기 쉬운 유전적인 기반이 있지 않은가 싶다.

생물이 다양해지는 메커니즘을 해명하는 것은 생물학의 중요한 과제 중의 하나인데, 뿔매미를 주제로 삼으면 무엇인가 의미 있는 사실을 더 발견하게 될지도 모른다.

여행

대항해

곤충은 육상 생태계에서는 엄청난 다양성을 발휘하고 있지만, 바다로 진출한 곤충은 극히 미미하다. 특히 바닷속 생활에 적응한 것은 매우 적다.

바다로 진출한 곤충 가운데 근해의 수면환경에서 서식하고 있는 곤충이 있다. 그 주인공은 바로 노린재목의 소금쟁이과에 속하는 바다소금쟁이속 무리(사진 47)이다. 강이나 물웅덩이에 떠 있는 소금쟁이가 바다에 특화된 것이다.

바다소금쟁이는 대부분 연안성으로 낭떠러지 근처에서 서식하지만, 일부 종은 원양성이어서 크고 넓은 바다를 생활의 무대로 삼는다. 해수면은 곤충이 살기에 힘든 환경이지만, 바다소금쟁이는 몇 가지 방법으로 적응에 성공했다.

가령 떠내려온 나무 같은 표류물에 산란을 하는 것, 그리고 폭풍우로 바다가 거칠어져도 몸 표면에 나 있는 미세한 털에 공기를 저장해서 바다 속에서도 얼마 동안 호흡을 하는 것, 또 차단되지 않는 유해한 자외선으로부터 몸을 지키기 위해서 몸의 표면에 자외선을 흡수하는 구조를 가지고 있는 것 등이다. [98][99]

근해에 사는 바다소금쟁이를 볼 기회는 적지만, 일본에서는 겨울철에 강한 바람이 불면 해안으로 많은 바다소금쟁이가 올라온다. 물론 바다소금쟁이는 육상의 환경에는 견디지 못하며 제대로 걷기

사진 47 바다소금쟁이(다리가 무척 길다). © 고마츠 다카시

조차 하지 못한다. 기온이 낮아서인지 금방 죽는 경우가 많다. 드넓은 바다로 나가서도 살 수 있는 특수한 능력이 있지만, 육지에 한 번 올라오면 무력한 존재가 된다니 참으로 허망한 일이다.

하늘 여행

일본에도 서식하는 왕나비(사진 48)는 가을이 되면 일본 본토로부터 남서쪽의 섬이나 타이완으로 이동한다. 그리고 초여름에서 여름에 걸쳐서는 반대로 북상한다. 때로는 수천 킬로미터의 거리를 이동하기도 하는데, 이러한 행동에 어떤 의미가 있는지에 대해서는 충분

사진 48 엉겅퀴에서
꿀을 빠는 왕나비.
© 고마츠 다카시

히 밝혀지지 않았다.

왕나비와 같은 네발나비과의 왕나비아과에 속하는 황제나비는 캘리포니아나 멕시코에서 월동을 하고 봄이 되면 북아메리카에서 세대를 반복하며 북상한다. 그리고 가을이 되면 북아메리카에서 늘어난 무리가 단번에 남하하여 다시 같은 장소에서 월동을 한다.[100] 멕시코의 월동지에서는 황제나비가 나무줄기가 휘어질 정도로 좁은 곳에 모여 주렁주렁 매달린다고 한다. 이런 대이동을 하는 이유는 유충의 먹이가 전부 고갈되는 것을 막기 위해서라고 생각되지만, 이역시 아직 확실하지는 않다.

생물의 이동이라고 하면 조류의 이동이 대표적인데, 철새의 경우는 하나의 개체가 장거리를 이동하는 데 반해, 이들 나비는 세대를 반복하며 북상했다가 마지막 세대가 남하하여 겨울을 난다. 즉 세대를 뛰어넘은 이동이기 때문에 한 개체에서 이루어지는 새의 이동과는 실태가 다르다.

사진 49 애멸구.
© 나가시마 세이다이

　일본의 다른 나비 중에서는 팔랑나비과의 줄점팔랑나비가 장거리를 이동하는 것으로 알려져 있는데, 어떻게 이동하는지 상세한 내용은 알지 못한다. [101][102]

　그밖에도 장거리 이동을 하는 나비나 나방, 잠자리의 대부분은 분포를 넓히기 위한 방산(放散, radiation)을 하는 것이라고 생각된다. 특히 기후의 변화가 곤충의 장거리 이동을 돕는데, 일본 국내에서도 온난화로 인해서 많은 곤충들이 북상하고 있음이 확인된 바 있다.

　그리고 일본에서는 태풍으로 인해서 필리핀 등지로부터 우연히 날아온 '길 잃은 나비'나 '길 잃은 나방'도 매년 다수 기록되고 있다.

　벼 농사에 큰 피해를 주는 해충으로 유명한 노린재목 멸구과의 멸구류(사진 49)는 매년 제트 기류를 타고 베트남과 중국으로부터 일본으로 날아온다. [103][104]

　나는 타이와 미얀마의 국경에서 다수의 멸구가 이동하는 모습을 본 적이 있는데, 그저 바람에 실려가는 것이 아니라 자발적으로 이동하고 있는 듯했다.

그밖에 주머니나방과의 유충인 도롱이벌레는 도롱이를 만들기 전에 실을 꺼낸 후 바람을 타고 비행한다고 한다. 민들레 씨앗이 솜털로 나는 것과 같은 요령이다.

바다소금쟁이도 그렇지만 작은 벌레가 넓은 세계로 여행을 떠난다는 것을 상상하면, 우리가 우주에 대한 꿈을 꾸듯이 웅대하게 느껴진다.

시간 여행

모기붙이과라는 모기 무리가 있다. 모기라고 해도 피를 빠는 것이 아니라서 사람에게는 피해를 주지 않는다. 이 모기의 유충은 붉은 장구벌레라고 불리며 물고기의 먹이가 된다. 그중에 아프리카의 건조지대에 서식하는 아프리카깔따구라는 종이 있는데, 이 벌레는 참으로 대단한 능력을 가지고 있다.

아프리카깔따구의 유충은 건조한 계절이 되어 서식지의 물웅덩이가 말라버리면, 수분 3퍼센트의 건조 상태로 대사를 하지 않은 채 휴면을 할 수 있다. 그리고 물을 주면 부활한다. 인공적인 환경에서 이루어지기는 했지만, 17년 동안 계속 건조 상태에 있었던 아프리카깔따구 유충을 물로 되돌려 보냈더니 다시 움직인 것으로 확인되었다.[105] 그야말로 시간을 여행하는 곤충인 셈이다. 그리고 강한 내성을 가지고 있어서 섭씨 103도에서 1분, 섭씨 영하 270도에서 5분, 그밖에 무수에탄올이나 방사선에도 견딜 수 있다고 한다.[106]

어떻게 이런 것이 가능할까? 물 대신에 트레할로스(trehalose)라고 하는 당을 체내에 축적하여 생체 성분을 보호할 수 있기 때문이다. 물웅덩이가 마르고 점차 환경이 척박해지면, 이 곤충의 몸에 트레할로스가 축적된다.[107]

최근에는 휴면 상태인 이 유충을 우주정거장으로 운반하여 거기서 부활시키는 실험이 실시되었다고 한다. 아프리카깔따구는 우주를 여행한 곤충이기도 하다.

집에 살기

거주와 의복

사람은 체모를 대부분 잃은 대신에 동굴에서 살거나 옷을 입으면서 다양한 기후와 지역에 적응해왔다. 지금은 주거와 옷이 인간의 생명을 지탱하는 '몸의 일부'가 되었다. 이런 현상을 인간에게만 존재하는 고유한 현상이라고 우리들은 말하고 싶겠지만, 사실 집과 옷을 가진 곤충이 적지 않다.

우리에게 익숙한 곤충인 도롱이벌레는 썩은 나무줄기나 낙엽으로 된 집인 도롱이에서 산다(사진 50). 도롱이는 주거하는 곳인 동시에 의복이기도 하다.

사진 50 *Canephora pungelerii*의 도롱이와 그 몸에서 우화(羽化, 곤충이 유충 또는 약충이나 번데기에서 탈피하여 성충이 되는 일을 말함/역자)하는 수컷 성충. ⓒ 고마츠 다카시

　그밖에도 날도래라고 하는 날도래목의 수생곤충의 유충도 작은 돌이나 작은 가지로 집을 만든다. 잎벌레과 딱정벌레 무리의 유충 중에는 자신의 똥으로 통을 만들고 소라게처럼 그것을 등에 업고 다니는 것도 있다.

　이러한 생태는 천적이나 물리적인 충격으로부터 연약한 몸을 지키는 하나의 수단이자, 외부의 적에게 자신의 모습을 들키지 않도록 하는 방법이다.

　이들 유충은 사람과 마찬가지로 체모가 적다. 도롱이의 경우 본래 조상이 틈새 환경에서 서식하며 실을 짜서 둥지를 만들어 살던 도롱이에서 이동 가능한 도롱이로 변화했다고 생각된다. 체모의 감소와 도롱이의 진화는 동시 병행으로 진행되었을 것이다.

사진 51 큰멋쟁이나비의 유충이 모시풀의 잎으로 만든 집(왼쪽)과 그 안의 유충
(오른쪽)

그밖에 네발나비과의 나비나 잎말이나방과 나방의 유충 중에는
잎을 이어서 집을 만들고 낮에는 그 속에 숨었다가 밤에 밖으로 나
오거나 몸을 내밀어 잎을 먹는 것도 적지 않다(사진 51).

거위벌레과의 암컷 딱정벌레는 잎에 알을 낳은 후 잎으로 알을 정
성껏 감싼다. 부화한 유충은 그 잎을 먹고 자라는데, 이렇게 잎을
싼 것을 요람이라고 한다. 우리가 흔히 아는 요람과 같은 뜻이다.
모두 자신의 집을 먹는 것이다.

곤충의 털이라고 하면 나방의 유충인 쐐기의 털을 떠올리는 사람
도 많을 것이다. 그러나 쐐기의 털은 천적을 방어하는 데에 쓰인다.

쐐기나 애벌레를 좋아하는 검정명주딱정벌레(사진 52)라는 딱정벌
레과의 딱정벌레를 이용한 실험에서는 딱정벌레의 큰턱이 털이 무성

사진 52 수검은줄점불나방의 유충을 덥썩 무는 검정명주딱정벌레. ⓒ 스기우라 신지

한 수검은줄점불나방이라는 나방의 유충 몸통에 좀처럼 닿지 않아서 금방 먹어치우지는 못했다. 그러나 수검은줄점불나방의 털을 자르자 쉽게 잡아먹히는 결과를 보였다.[108]

잠복

개미지옥이라고 불리는 집을 만드는 명주잠자리의 유충(사진 53)이나 베르밀레오니다이과(Vermileonidae)라는 파리의 유충은 모래땅에 사발 모양의 구멍을 파고, 거기에 빠진 다른 작은 곤충을 포식한다. 곤충이 빠지면, 구멍 바닥에서 모래를 날려 아래로 더 떨어지도록 만든다.

사진 53 명주잠자리의 유충의 둥지인 개미지옥(왼쪽)과 그 주인인 유충(오른쪽).
© 하야시 마사카즈

또 딱정벌레과의 딱정벌레인 가뢰의 유충(사진 54)은 지면에 똑바로 작은 굴을 파고 원반 모양의 머리로 입구를 막는다. 머리에는 긴 털의 감각기관이 달려 있는데, 거기에 먹잇감이 닿으면 순식간에 머리가 튀어나와서 먹이를 잡아 굴 속으로 끌어들인다.

이처럼 굴의 크기에 딱 맞는 먹잇감이 떨어지거나 가까이에 올 확률은 낮기 때문에 굴에서 잠복하는 곤충은 대개 굶주림에 강하다. 개미귀신 같은 것은 몇 달 동안의 굶주림에도 견딜 수 있다고 한다. 개미귀신이 재미있는 것은 유충 기간에 거의 똥을 싸지 않는다는 사실이다. 소화관 안에 똥을 쌓아두었다가 먹이를 잡지 못해서 굶주릴 때 영양원으로 활용하기 위한 비상식량의 의미도 있을 터이다. 이것들은 번데기가 되고 성충이 되면 커다란 똥을 몸 밖으로 밀어내

사진 54 갱도에 있는 큰무늬길앞잡이의 유충(왼쪽)과 그 성충(오른쪽).

고 하늘로 날아오른다.[109]

분변 요람

자연에 존재하는 포유류의 똥도 일부 곤충에게는 소중한 식량이 된다. 그중에서도 특히 유명한 것이 소똥구리(사진 55)라는 풍뎅이과의 무리이다.

소똥구리는 초식 포유류의 똥 덩어리의 냄새를 멀리서 맡고 날아와서 똥을 동그란 모양의 공처럼 만들어 멀리 옮긴다. 고대 이집트에서는 그 모습을 보고 태양신 케프리를 떠올린 사람들이 신성한 존재로 숭배하게 되었다.[110]

사진 55 왕소똥구리(*Scarabaeus sacer*)(왼쪽 : 북한), 똥 아래에 갱도를 파고 거기에서 만든 똥 덩어리에 알을 낳는 뿔소똥구리의 한 종인 *Copris* sp.(오른쪽 위 : 인도), 똥 아래에 굴을 파고 똥을 밀어넣은 뒤에 알을 낳는 소똥풍뎅이의 한 종인 *Proagoderus unbra*(오른쪽 아래 : 카메룬)

똥 덩어리를 굴리는 것은 소똥구리 수컷인데, 수컷은 똥 덩어리 위에서 암컷과 만나서 그것을 함께 땅속에 묻은 후에 방을 만든다. 땅속에 묻은 똥 덩어리는 표면이 깨끗하게 굳어 서양배의 모양처럼 만들어져서 알을 낳는 장소로 쓰인다. 말하자면 똥으로 만든 '요람' 인 셈이다.

부화한 유충은 그 똥을 먹으면서 천천히 성장한다. 똥은 소화과 정에서 양분이 흡수되고 남은 찌꺼기이기 때문에 분명히 영양분이 적을 텐데도 먹이가 된다는 사실이 신기하다.

게다가 번데기가 똥 덩어리 속에서 만들어지는데, 그것이 들어 있는 공간, 즉 유충이 먹은 똥의 양과 번데기의 크기에는 미세한 차이 밖에 없다. 유충이 먹은 똥의 상당한 양이 몸을 형성하는 단백질로

바뀐 것이다. 실은 유충의 장 속에는 다양한 미생물이 존재하는데, 그것이 똥을 분해하여 다른 영양분으로 변화시킨다. 유충의 장 속에 있는 미생물은 산란될 때 부모로부터 자식에게 전달된 것임이 밝혀졌다.[111]

똥을 먹는 풍뎅이는 그밖에도 많이 있으며, 통틀어 분충(糞蟲)이라고 부른다. 풍뎅이는 종에 따라서 번식방법이 다르다. 똥 속에 들어가서 그대로 산란하는 것이 있는가 하면, 똥 바로 아래에 갱도를 파고 거기에서 만든 똥 덩어리에 알을 낳는 것, 갱도에 소시지처럼 똥을 넣은 뒤에 알을 낳는 것도 있다(사진 55).

그런데 똥에 대한 취향도 제각각이어서 초식동물의 똥을 좋아하는 것, 육식동물의 똥을 좋아하는 것, 그리고 애초에 똥은 먹지 않고 동물의 사체를 즐겨 먹는 것도 있다. 노래기를 덮쳐서 먹는 풍뎅이와 같은 똥 먹기를 그만둔 분충도 있다.

똥을 먹는 벌레는 자연계의 중요한 청소부이기도 하다. 만약 이 벌레들이 없다면, 숲이나 초원은 포유류의 똥으로 가득 찼을 것임에 틀림없다.

실제로 오스트레일리아에 가축이 도입되었을 때, 양이나 소의 똥을 처리해줄 분충이 없어서 똥이 목축지에 그대로 남게 되었고 여러 가지 문제들이 일어났다. 결국 다른 나라로부터 분충을 들여와서 문제를 해결했다.[112][113]

종이 집

앞에서 소개한 벌의 유충에 대해서 설명하면서 유충이 어미가 만든 둥지에서 생활한다고 했다. 더 고등하고 사회성을 가진 말벌이나 꿀벌, 개미도 자신들만의 집을 지어서 폐쇄적인 환경 속에서 안전하게 산다.

이런 말벌이나 꿀벌은 원래는 다른 곤충의 체내에서 그 속을 먹으면서 생활하는 기생벌에서 진화했다. 기생충인 유충에게는 체모가 필요하지 않으므로 점차 털이 줄어들었고 다리도 완전히 상실되었다.

생물의 진화에는 두번 다시 되돌아가지 못하는 방향으로 진행되는 진화도 있는데, 상실된 신체적 특징은 대개 되돌릴 수 없다. 기생성이 사라진 후에도 그런 털이나 다리는 복원되지 않는다. 따라서 어미는 외부의 적이나 기후의 변화로부터 유충을 지키는 둥지를 만들어야 했고, 그후 이러한 둥지 습성이 대규모의 집을 공동으로 만드는 사회성의 발달로 이어졌다.

대규모의 집이라고 하면 말벌이나 쌍살벌, 꿀벌 무리의 둥지를 들수 있다. 유충이 들어가는 작은 방의 입구는 육각형인데, 그것이 규칙적으로 늘어서 있어 안에서 자라는 둥글둥글한 유충이 살기에 편한 환경이 된다(사진 56). 방의 형태가 삼각형이나 사각형이면 모서리 부분을 효율적으로 이용하지 못해서 낭비가 발생하고, 오각형이나 칠각형 이상이면 방을 규칙적으로 배치하기가 어렵다. 그 점에서 육각형이 가장 합리적인 형태라고 하겠다.

사진 56 *Ropalidia* sp.와 둥지(말레이시아)

게다가 말벌이나 쌍살벌의 둥지 속의 방은 전통적인 종이와 흡사한 재질로 가볍고 매우 튼튼하다. 실제로 식물의 섬유를 씹어 부수고 침으로 연결하여 맞춘 것으로 사람이 만드는 종이와 다르지 않다. 쌍살벌을 '종이말벌[紙蜂, paper wasp]'이라고도 부르는데, 이는 둥지의 특징을 나타내는 명칭이다.

게다가 말벌 가운데 나무 위에 둥지를 만드는 종은 층상(層狀) 구조로 나열된 둥지의 방들을 모두 비바람으로부터 지키기 위해서 외피로 덮는다. 이중의 벽으로 덮어 유충에게 쾌적한 둥지를 만들어주는 것이다.

꿀벌의 둥지 속 방은 유충을 기르는 것 이외에도 꿀을 저장하는 데에 이용된다. 그들은 종이가 아니라, 몸에서 분비되는 밀랍이라고

사진 57 Macrotermitinae의 한 종인 *Macrotermes carbonarius*의 둑(화살표)(말레이시아). © 고마츠 다카시

하는 왁스 같은 물질로 집을 만든다.

공기 조절도 되는 자연의 건축물

곤충의 집을 이야기할 때 잊어서는 안 되는 것이 일반적으로 개밋둑[蟻塚]이라고 알려진 흰개미의 집이다(사진 57). 특히 아프리카나 오스트레일리아에 서식하는 흰개미 중에는 몇 미터가 넘는 둑을 만드는 것도 적지 않다.[114][115]

흰개미는 세계적으로 3,000종 이상이 알려져 있는데, 여러 계통에서 거대한 둑을 만드는 흰개미가 진화되었다. 그런 흰개미는 건조한 곳에서만 서식하는데, 환경을 잘 고려하여 집을 짓는다.

구체적으로는 그러한 공기 조절을 할 수 있는 기구를 완비하는 데, 두꺼운 흙벽의 곳곳에는 굴뚝처럼 구멍이 뚫려 있다. 그와 같은 구조에 의해서 이루어지는 둑의 보온과 방열이 둥지 속의 기온을 안정시켜, 밤에는 춥고 낮에는 타는 듯한 건조지대에서도 흰개미는 생활이 가능하다.[116] 집은 흙과 흰개미의 침으로 만들어진다. 작은 흰개미의 가족들이 오랜 세월에 걸쳐 함께 집을 만든다. 흰개미는 나중에 설명하겠지만, 사회성 곤충으로 여왕이 출산한 일개미가 둥지의 정비와 육아를 담당한다.

흰개미의 여왕은 곤충치고는 놀랄 만큼 수명이 긴데, 일설에 따르면, 30년 가까이 살기도 한다고 한다. 여왕의 수명은 곧 둥지의 수명이다. 여왕개미의 긴 수명도 거대한 둥지 건설이 가능한 이유 중의 하나인 것 같다.[117][118]

참고로 흰개미는 바퀴벌레 무리이다. 바퀴벌레의 진화 과정에서 썩은 나무를 먹는 무리에서 흰개미가 진화했다고 간주된다. 벌 무리인 개미와는 참으로 관계가 멀기 때문에, 흰개미의 둑을 보고 '개밋둑'이라고 부르는 것은 생물학적으로는 잘못이다.

진짜 개미무덤

북반구의 추운 지방에는 곰개미라는 개미 무리가 만든 (흰개미가 아니라 개미가 만들었다는 점에서) '진짜 개밋둑'(사진 58)이 있다. 일본에서도 혼슈의 산악지대나 홋카이도에서는 작지만 그런 둑을 볼

곤충은 대단해

곤충의 세계에는 놀라운 현상들이 가득하다.
이 책은 그중에서 몇몇 사례들을 골라서 설명하는데,
특히 흥미로운 곤충의 모습과 생태의 순간들을
소개한다.

동물계에서 가장 빠른 속도로 큰턱을 다무는 침뎃개미
(사진은 오키나와침개미).
큰턱을 벌리고 돌아다니다가 턱 연결부의 중앙에 있는 털에
먹잇감이 닿으면 시속 230킬로미터의 속도로 턱을 다문다.
일본 / 시마다 다쿠 촬영

흰개미(일본흰개미)를 실로 모아서 먹는 풀잠자리목 유충(왼쪽)과 성충(오른쪽).
북아메리카에서 서식하는 근연종은 독가스를 뿜어 흰개미를 죽이는 것으로 알려져 있다.
일본 / 고마츠 다카시 촬영

이질바퀴에 침을 꽂는 보석말벌(*Ampulex compressa*). 그후에 바퀴벌레는 반쯤은 살고 반쯤은 죽은 좀비 상태로 벌에게 유도되다 벌은 이 바퀴벌레의 몸에 산란을 한다.
사육 / 시마다 다쿠 촬영

사냥

독이 있는 종이연나비(왼쪽)와 이를 의태한
독이 없는 호랑나비아과의 그라피움 이다에오이데스(*Graphium idaeoides*)(오른쪽).
필리핀 / 저자 촬영

단단해서 포식자가 먹기 힘든 보석바구미(*Pachyrhynchus* spp.)
(각각 왼쪽)와 이를 의태한 돌리옵스 엠마누엘리 돌리옵스
(*Doliops emmanueli Doliops* spp.)(각각 오른쪽).
필리핀 / 저자 촬영

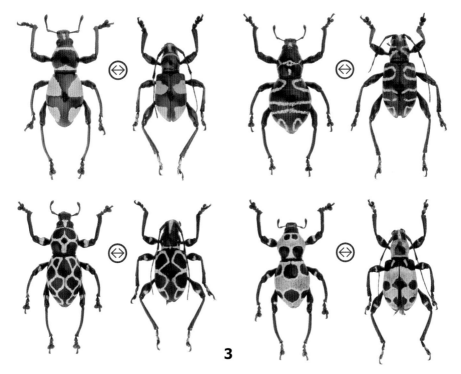

식물의 잎에 많은 알을 낳는 바레오고날로스 위에 조엔시스(*Bareogonalos yezoensis*). 그 잎을 애벌레가 먹는데, 이 애벌레를 말벌이 자신의 유충에게 주면 그 애벌레는 그 말벌의 유충의 몸에 기생하는 우회적인 방법을 취한다.
일본 / 노무라 아키히데 촬영

새끼의 수

거대한 알을 하나만 낳는 동굴성 장님애송장벌레의 한 종인 렙토디루스 호켄와르티(*Leptodirus hochenwarti*). 부화한 유충은 아무것도 먹지 않고도 번데기가 되고 성충이 된다.
슬로베니아 / 저자 촬영

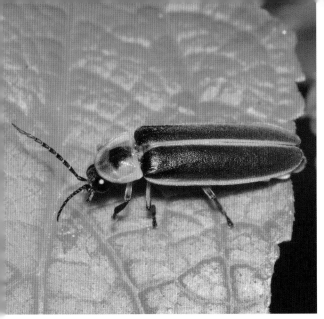

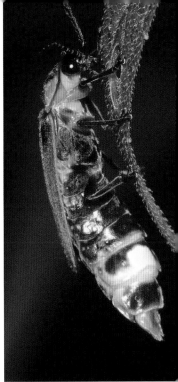

포티누스속의 반딧불이의 한 종인 포티누스(*Photinus* sp.)의 수컷
(왼쪽)과 빛을 내며 수컷을 부르는 암컷(오른쪽).
미국 / 저자 촬영

사랑

교미를 하는 춤파리의 한 종인
엠피스(*Empis* sp.)(위의 두 마리).
암컷은 수컷이 예물로 선물한
쉬파리(아래)를 먹고 있다.
일본 / 고마츠 다카시 촬영

초승달뿔매미

네혹뿔매미

필로트로피스 파키아타
(*Phyllotropis fasciata*)

헤테로노투스 호리두스
(*Heteronotus horridus*)

노토케라의 한 종
(*Notocera* sp.)

기능과 형태

기묘한 모습을 한 남아메리카의 뿔매미들(페루)

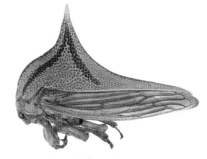

움보니아 크라시르코니스
(*Umbonia crassicornis*)

헬멧뿔매미

오에다 인포르미스
(*Oeda informis*)

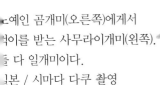

노예인 곰개미(오른쪽)에게서
먹이를 받는 사무라이개미(왼쪽).
둘 다 일개미이다.
일본 / 시마다 다쿠 촬영

일본왕개미의 여왕(왼쪽)에게 덤벼드는
가시개미의 암컷(여왕 후보)은
그 여왕을 죽이고 자신이 여왕이 된다.
일본 / 시마다 다쿠 촬영

노예제

고동털개미의 일벌을 잡은
황털개미의 암컷(여왕 후보)은
그 일벌의 냄새를 몸에 바르고
자신의 숙주인 고동털개미의
집에 침입한다.
일본 / 시마다 다쿠 촬영

7

고운점박이푸른부전나비의 유충과 빗개미.
개미가 좋아하는 냄새를 풍기고 개미가 내는 소리 신호를 따라하면서
개미 집으로 잠입하여 유충을 먹어치운다.
일본 / 시마다 다쿠 촬영

식객

아이닉투스 라이비켑스(*Aenictus laeviceps*)(위)가
공생성 반날개의 한 종인 프로칸톤네티아 말라위엔시스(*Procantonnetia*
malayensis)(아래)의 더듬이 첫마디를 물고 옮겨준다.
말레이시아 / 고마츠 다카시 촬영

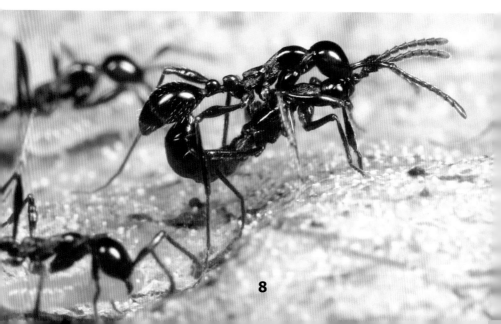

사진 58 곰개미의 한 종인 *Formica pratensis*의 둑(화살표)과 저자.(슬로바키아)

수 있을 것이다. 그 둑은 주로 침엽수의 잎을 주워모아서 쌓은 작은 산의 형상을 하고 있는데, 유럽산 종이 만드는 거대한 둑은 높이와 직경이 모두 수 미터에 달한다. 그 내부는 매우 따뜻해서 활동기에는 외부 기온이 섭씨 20도 이하라도 섭씨 30도 가까이로 유지된다. 곰개미는 한랭지를 좋아하는데, 새끼를 키우려면 높은 온도가 필요하므로 둑이 그들에게는 쾌적한 환경을 만들어주는 셈이다.[119]

어떻게 그런 온도를 유지할 수 있는지는 알 수 없지만 맑은 날의 둑 표면은 매우 따뜻하다. 태양광의 열을 효과적으로 흡수함으로써 그리고 내부에 많은 개미들이 생활하고 있기 때문에 그 체온으로 인해서 온도가 높아졌을 가능성이 있다. 썩은 식물을 모은 둑 내부에서 발생하는 발효열도 한몫할지도 모른다.

그리고 곰개미는 육식성이라서 해충도 먹는다. 덕분에 유럽에서는 삼림해충 구제와 개체수 조정을 위해서 곰개미를 매우 중요하게 생각하여 지역에 따라서 엄중히 보호한다.[120][121][122]

온난화의 영향인지, 일본에서는 둑을 만드는 곰개미가 각지에서 멸종되어 지금은 바람 앞의 등불 신세가 되었다. 분명히 삼림생태계에도 큰 영향을 주고 있을 텐데, 안타깝게도 아직 누구도 그 현황에 대해서 연구를 시작하지 않았다.

제3장

사회생활

사회생활을 영위하는 곤충

인간사회의 축소판

곤충 중에는 사회생활을 영위하는 것이 있다. 벌꿀 생산을 위해서 사육되는 꿀벌과 매년 가을이면 사람들을 쏘아서 문젯거리가 되는 말벌이 유명하지만, 그외에도 실제로는 벌의 무리인 개미, 진딧물, 총채벌레목 곤충, 그리고 앞에서 이야기한 흰개미 등이 사회성이 있는 것으로 알려져 있다.

우리는 그 곤충들의 모습을 통해서 철저히 원리화한 듯한 인간사회의 축소판을 볼 수 있다. 인간 이외의 생물에게 사회성이란 무엇일까? 막연히 생각하면, 많은 개체가 함께 산다는 의미 정도로 규정할지도 모른다. 물론 그것도 중요한 사항이지만, 가장 중요한 점은 계급(카스트)이 존재한다는 것이다.

가령 꿀벌이나 말벌에는 알을 낳는 여왕벌이 있고, 그 밑에는 일에만 전념할 뿐 알을 낳지 않는 일벌이 있다.

이처럼 알을 낳는 계급(보통은 여왕)과 알을 낳지 않고 일을 하는 계급이 함께 생활하는 것을 진사회성(眞社會性, eusociality)이라고 한다.

이런 곤충들은 통상 혈연관계로 연결되어 있다는 점에서 '가족'이며, 타인관계로 이루어진 인간사회와는 근본적으로 구조와 의미가 다르다. 그러나 앞에서 이야기했듯이 곤충들의 행동이나 생활, 종들 간의 관계는 인간사회에 비추어 생각하지 않을 수 없을 만큼 지극히 '사회적'이다. 사회성 곤충은 사회성을 배경으로 한 고등 생활 양식 때문인지 지구에서 크게 번영을 누린다는 특징이 있다. 이 책의 도입부에서도 이야기했듯이, 열대우림에서는 개미의 생물량이 척추동물의 생물량을 크게 능가한다.

개미(벌목 개미과를 구성하는 8,000여 종의 곤충/역주)는 식물을 먹는 것이 많으나,[1] 생물량으로 본 우위성이나 다른 생물을 제거하는 배타성을 고려하면 사실 열대우림 생태계의 정점에는 표범과 같은 대형 육식동물 뒤에 많은 종을 포괄한 개미가 군림하고 있다고 해도 과언이 아니다.

마찬가지로 생물량이 많은 흰개미(흰개미목의 곤충. 벌목의 개미와는 관계가 없다/역주)는 목재를 중심으로 한 식물 유체의 분해자로서 유력한 활동을 한다. 열대지역에 흰개미가 없다면, 얼마 지나지 않아 숲은 다른 곤충과 작은 동물, 균류가 분해하지 못한 쓰러진 나무와 낙엽들로 뒤덮이고 동시에 많은 식물들이 사멸할 것이다.

양육

아사회성(亞社會性)이라는 말이 있다. 아사회성은 다양한 곤충에서 나타나며, 진사회성 같은 계급 관계는 없지만 부모가 새끼를 위해서 알을 지키거나 먹이를 공급한다.

아사회성 곤충 중에서 특히 유명한 것은 송장벌레속의 딱정벌레이다. 송장벌레는 '매장벌레'라고도 불리는데, 이름 그대로 동물의 사체를 전문으로 먹고 사는 특이한 습성이 있다.[2] 쥐와 같은 작은 동물의 사체가 있으면 부패한 냄새에 이끌려 날아온 성충 암수가 협동해서 땅 속에 그 사체를 묻는다. 사체 밑의 땅을 파서 땅속에 묻는 방식이 될 것이다.

사실 동물의 사체는 영양이 풍부한 식량원이다. 따라서 파리의 유충(구더기)이나 다른 딱정벌레 등의 경쟁자가 많은데, 특히 파리가 알을 낳으면 순식간에 구더기가 사체를 먹어치운다. 사체를 묻는 이유는 그런 경쟁자들로부터 사체를 숨기기 위한 것이다.

송장벌레는 땅에 사체를 파묻은 후에는 흙과 사체를 함께 깨끗하고 둥근 모양의 고기완자로 가공한다. 표면에 파리의 알이 있으면 열심히 제거하고 곰팡이가 피지 않도록 관리한다. 송장벌레는 그 완자 위에 알을 낳고, 태어난 유충에게는 그것을 입으로 갉아서 먹인다. 마치 어미 새가 새끼들에게 먹이를 주는 것처럼 말이다.[3][4][5][6][7]

땅노린재과의 붉은땅노린재(사진 59)는 드물게 스코엡피아라는 나무의 열매를 전문으로 먹는 노린재이다. 이 종은 땅 위에서 유충을 양육하는데, 양육장소에서 떨어진 곳으로 먹이를 구하러 갔다가 이 열매를 발견하게 되면 품에 안고 둥지로 돌아온다. 입으로 먹이를 옮겨주지는 않지만, 이렇게 정기적으로 먹이를 구해서 새끼에게

사진 59 붉은땅노린재. © 나가시마 세이다이

공급하게 된다.[8][9] 붉은땅노린재는 일본의 조엽수림에 서식하며 일본에는 그외에도 새끼에게 먹이를 주는 땅노린재 무리가 서식하고 있다.[10][11][12]

자신이 낳은 알과 유충을 지키는 뿔노린재과의 종[13][14](사진 60)과 알을 등에 업는 물자라(사진 61)라는 물자라과의 수생 노린재, 돌 아래에서 알을 품는 집게벌레목 무리,[15] 그리고 새끼에게 먹이가 될 균류를 주는 나무좀과의 딱정벌레(진사회성의 종도 존재한다) 등에서 다양한 단계와 형태의 아사회성이 관찰된다.

사회성 곤충의 육아도 그렇지만 송장벌레나 땅노린재 무리의 행동을 보면 얼마나 열심히 새끼를 돌보는지 금세 '애정'과 '부모 자식의 사랑'이라는 표현을 할 수밖에 없다. 물론 그렇게 보는 것도 하

사진 60 부화한 알을 지키는 푸토니뿔노린재 암컷. © 고마츠 다카시

사진 61 알을 등에 업은 물자라 수컷. ©나가시마 세이다이

나의 시각일 수 있으나, 사실 그것은 생물의 개성 넘치는 본질을 간과한 표현이다.

즉 동물의 양육은 언뜻 그렇게 보이더라도 자신의 유전자를 효율적으로 남기는 하나의 생활양식에 지나지 않는다. '사랑'이라는 하나의 단어로 묶어버리기 쉬운 여러 행동에는 각각 어떤 생물학적 의미가 있는 것이다. 조금 냉정한 표현이지만, 그것은 사람의 '사랑'을 살펴보아도 실은 마찬가지이다.

수렵채집 생활

조직적인 사냥

생물이 먹이를 섭취하는 가장 흔한 방법은, 이미 다른 곤충을 예로 들어 설명했듯이, 주위에 있는 생물을 잡아먹거나 식물을 수확해서 먹는 것이다. 사회성 곤충들도 대부분의 종이 이 방식을 사용하고 있다. 그러나 사회성 곤충들은 자신들의 특성을 잘 살려서 조직적으로 수렵과 채집을 하기도 한다.

수렵이라는 점에서 대표적인 것은 군대개미 무리이다. 옛날 영화 「검은 융단(黒い絨毯)」에서 그려졌듯이 사람도 습격한다고 알려진 무서운 개미이다. 군대개미는 남아메리카에 서식하는 군대개미아과(아과[亞科]는 과에 포함되지만, 하나 아래 단계의 단위)와 각각 아프리카와 동남 아시아의 열대지역을 중심으로 서식하는 가시방패개미아과와 아이닉투스아과(Aenictus)의 세 가지 분류군의 개미를 일컫는 말이다.

이들 개미는 첫째로 정해진 둥지가 없이 방랑성을 보이는데, 집단으로 수렵을 한다. 그리고 여왕개미는 배 부분이 부풀어서 특수한

사진 62 사냥한 개미를 옮기는 *Aenictus dentatus*(말레이시아). ⓒ 고마츠 다카시

형태를 이루고 있다는 특징이 있다.[16][17][18]

개미를 습격하는 개미

아이닉투스아과의 개미는 다른 개미를 전문적으로 습격하는 습성이 있다(사진 62). 개미를 생태계의 정점에 있는 존재라고 생각한다면, 그것을 그 위에 군림하는 존재라고 할 수도 있다. 아이닉투스의 공격을 받지 않는 개미도 일부 있지만, 다양한 종이 있는 아이닉투스(동남 아시아 전체로는 50종 이상 분포)는 종별로 다른 개미를 습격한다. 결과적으로 광범위한 분류군의 개미가 이 아과의 개미에

게 잡아먹힌다.

열대의 삼림은 다양한 '미소(微小) 환경'으로 구성된다. 미소 환경이란 극히 좁고 작은 특별한 환경을 말한다. 예를 들어 개미의 서식장소로 치면, 떨어진 나뭇가지나 썩은 나무 속, 나무의 구멍, 나무 위[樹上], 땅속 등을 들 수 있다. 이 미소 환경별로 다른 종의 개미가 서식하며 각각의 환경에서 생태적으로 중요한 역할을 담당한다.

예를 들면, 말레이시아의 열대우림에서는 고작 수백 미터 지름의 지역에 500종에 가까운 개미가 발견되기도 한다. 일본의 경우, 홋카이도에서 오키나와까지 300종가량만 서식하고 있음을 생각해보면, 열대우림의 환경이 가진 다양성을 가늠할 수 있다.

아이닉투스는 자신들의 둥지가 있는 서식영역에서 자신들의 취향에 맞는 개미들을 사냥하여 박멸해버린다. 자신들의 둥지가 있는 맹목적이고 작은 개미(큰 개미도 5밀리미터 정도)이지만, 수천에서 수만에 달하는 일개미가 있으며 사냥하는 모습은 소름이 끼친다. 단체로 상대의 둥지에 쳐들어간 아이닉투스는 저항하는 상대방 개미를 독침으로 찔러 죽인다. 그리고 유충과 번데기를 들고 가서 자신들과 유충의 먹이로 삼는다.[19][20][21]

아이닉투스가 서식하는 지역의 다른 개미들은 본능적으로 그것들의 무서움을 잘 알고 있어서, 그것들이 오면 서둘러 유충을 물고 둥지에서 나와서 도망을 간다. 그럼에도 불구하고 살아남는 것은 운이 좋은 개미집뿐이고, 그것들이 노린 대부분의 개미집은 전멸한다.

야외에서 그 잔혹한 사냥의 모습을 관찰하고 있으면, 마치 산적에게 약탈당하는 마을을 보는 듯하다.

그러나 아이닉투스는 단순한 산적이 아니다. 그것들이 떠나고 공격당한 개미들이 사라진 장소에는 새로운 다른 개미들이 둥지를 틀 수 있게 된다. 이로써 생태적으로 강한 소수 종의 개미가 일정한 장소를 점거하는 것을 억제하고, 결과적으로 열대우림의 개미는 다양성을 유지하게 된다.[22]

검은 융단

내가 아프리카의 카메룬에서 세계에서 가장 오래된 열대우림이라고 하는 코럽 국립공원에 갔을 때의 일이다.

숲 속을 걷고 있는데 주위에서 평범하지 않은 일렁임이 느껴졌다. 문득 앞에 있는 거목을 보았더니 나무의 표피는 물론이고 밑둥 바로 아래 땅까지 개미들로 새까맣게 뒤덮여 있었다. 가시방패개미아과의 가시방패개미(사진 63)의 일종의 융단공격이었다.

보통 개미는 일직선으로 행렬을 만들어서 먹이를 구하러 나선다. 하지만 이 가시방패개미나 군대개미 무리는 효율적인 사냥을 위해서 행렬의 끝을 부채처럼 펼치고 융단공격을 한다.[23][24] 사람은 전쟁에서 적국의 마을을 습격하고 도망칠 곳이 없는 상대를 무차별적으로 전멸시킬 때 이 전법을 펼치게 된다. 융단공격을 하는 개미도 상대를 가리지 않고 공격하며 먹이가 될 동물들이 도망치지 못하도록 한다는 의미에서는 사람이 펴는 전술과 같다.

사진 63 가시방패개미의 한 종인 *Dorylus* sp.의 행렬(카메룬)

　나무의 표피는 아비규환의 상태가 되었으며 귀뚜라미 같은 곤충과 더불어 개구리와 도마뱀도 도망을 치려고 내려왔다. 하지만 그 융단 위에 떨어지면 허망하게도 순식간에 가시방패개미들에게 둘러싸여 조각조각 분해되어버렸다.

　가시방패개미는 강력한 독침을 가진 개체는 거의 없지만, 휘어지는 큰턱이 침처럼 날카롭고 게다가 씹는 힘이 강해서 사람조차 화가 난 이 개미들에게 물리면 순식간에 피투성이가 된다. 이때도 동행한 현지의 안내인이 샌들을 신은 탓에 많은 개미들에게 발을 물렸고 발이 온통 피로 물들었다.

　다행히 한 마리 한 마리로 보면 작은 개미여서 사람보다 빨리 이동하지는 않으니 물리더라도 도망칠 수는 있다. 영화에서처럼 사람이 계속해서 공격당하는 일은 현실에서는 일어나지 않지만, 지나가던 뱀이 순식간에 뼈만 남았다는 이야기도 있으니, 아기나 움직이지 못하는 병자가 공격을 당하면 한줌도 남지 않을 것이다.

불난 집의 도둑들

군대개미는 아프리카에 주로 서식하는데, 북아메리카의 남부에서부터 남아메리카 일대에 걸쳐서도 수많은 군대개미아과 무리가 서식한다. 그중에서도 군대개미속의 일원인 에키톤 부르켈리(*Eciton burchelii*)(사진 64)는 가시방패개미처럼 융단공격을 한다.[24] (아프리카의 군대개미는 driver ant, 아메리카의 군대개미는 army ant라고 한다/역주)

군대개미의 먹잇감은 곤충이나 거미 등으로 한정된다. 영화 「검은 융단」에 등장하는 것이 바로 이 개미인데, 이 개미의 구성원인 1센티미터 정도의 병정개미(soldier ant)는 거대한 큰턱을 가지고 있어서 위압적이지만 실상 물려도 그리 아프지는 않으며 가시방패개미에 비하면 위력이 큰 편도 아니다. 이 개미는 교외의 밭 등지에서 흔히 볼 수 있어서 현지인들에게는 친근한 개미이다. 집이 이 개미에게 포위당하면 몇 시간은 어쩔 수 없이 집 바깥에 나가 있어야 하지만, 바퀴벌레 등의 해충을 쫓아주니 귀한 존재로 여겨지기도 한다.

이 개미가 융단공격을 할 때 언제나 나타나는 곤충이 있다. 바로 기생파리과 파리의 한 종(사진 65)으로 녀석은 군대개미의 공격을

사진 64 아메리카의 군대개미인 *Eciton burchelii*의 병정개미(페루). © 고마츠 다카시

사진 65 아메리카의 군대개미인 *Eciton burchelii*가 쫓아낸 바퀴벌레의 몸에 알을 낳으려고 하는 기생파리과의 한 종인 *Calodexia* sp.(페루). © 고마츠 다카시

사진 66 *Gymnopi-thys salvini*의 암컷 (페루). © 고마츠 다카시

풀 위에서 지켜본다. 기생파리 무리의 대부분은 다른 곤충의 몸에 알을 낳으며, 부화한 유충(구더기)은 그 곤충을 몸 속에서부터 먹어 치우며 성장한다. 기생파리는 군대개미의 습격을 관찰하다가 그것들로부터 도망친 귀뚜라미나 바퀴벌레를 용케 찾아내서 그 몸에 알을 낳는다. 그야말로 불난 집의 도둑인 격인데 겨우 도망친 벌레로서는 비극이 아닐 수 없다.[25]

이밖에도 곤충은 아니지만 개미새라고 총칭되는 새(사진 66)도 군대개미의 습격을 지켜보다가 궁지에 몰린 곤충을 포식한다.[26]

군대개미, 아이닉투스 그리고 가시방패개미는 공생자가 상당히 많다. 개미의 몸 표면에 기생하는 진드기를 비롯해서 개미와 뒤섞여 생활하는 딱정벌레에 이르기까지 다양하며, 에키톤 부르켈리는 수백 종의 식객과 함께 서식하고 있다.[27] 이들 식객이 에키톤 부르켈리와 공생하는 이유는 수십만 마리의 일개미 덕분에 자신들에게 돌아오는 먹이가 되는 유충이 많기 때문일 것이다. 이런 개미의 공생자에

대해서는 뒤에서 설명하기로 하자.

밥파

개미들 중에는 육식을 하는 종이 많다고 했는데 식물을 먹는 것도 있으며, 다음에서 소개하듯이 균을 먹는 것도 있다. 식물을 먹는 것으로 유명한 개미는 짱구개미속의 개미(사진 67)이다. 일본에도 한 종이 서식하고 있는데, 이 개미는 벼과에 속하는 화본과 식물의 씨앗을 모아서 먹이로 삼는다.[28] 말하자면 밥파[飯派]이다.

특히 이 개미는 결실의 계절 가을에 활발히 활동한다. 이미 쌀쌀해진 시기에 땅에 떨어진 씨앗을 주워모아서 둥지로 가져간다. 그리고 겨울을 나고 봄이 되면 떨어진 씨앗을 더 주우러 밖으로 나간다.

재미있게도 짱구개미는 많은 벌레들이 활발히 활동하는 여름 전후에는 바깥 출입이 뜸하다. 땅속을 몇 미터의 깊이로 파서 만든 둥지에서 만추에서 초봄에 이르는 기간 동안에 자신이 모아놓은 곡물들을 먹으며 지내는 것이다.[29][30] 더욱 흥미로운 점은 둥지 속으로 가져온 씨앗이 멋대로 발아하지 않게끔 관리한다는 사실이다. 싹이 나면 둥지 속에 난리가 날 뿐만 아니라 영양이 가득한 씨앗이 그냥 풀이 되고 말기 때문이다. 그래서 짱구개미는 빗물의 영향을 받지 않는 땅속 깊은 곳에 씨앗을 저장하고, 습도와 온도가 안정된 조건에서 보관한다.[31]

그밖에도 몇몇 분류군의 개미가 주로 곡물류 식물의 씨앗을 먹는

사진 67 큰 씨앗을 옮기는 짱구개미. © 시마다 다쿠

다.[32] 곡물은 탄수화물이 풍부하고 저장할 수 있는 식량으로서 사람의 주된 식량의 하나이지만, 그 영양과 보존성을 노리고 주요 식량으로 삼은 것은 개미가 사람보다도 훨씬 더 빨랐을 것이다.

농업

버섯 재배

농업은 인간사회를 영위하는 데에 반드시 필요한 산업으로 제1차 산업이다. 농업은 수렵과 채집에 의존해서 조금씩 식량을 확보하며 연명하던 인간의 생활을 완전히 변화시켰고 안정적인 식량공급을 가능하게 했다. 그러나 사람이 농업을 시작한 것은 고작해야 1만 년쯤 전이다. 그것은 인간의 역사에서 아주 오래되었지만, 생물의 역사로 치면 최근에 속한다. 곤충은 그보다 훨씬 더 먼 옛날인

사진 68 균원의 위에 있는 버섯흰개미의 한 종인 *Macrotermes gilvus*의 병정개미(말레이시아)

사진 69 자른 잎을 옮기는 잎꾼개미의 한 종인 *Atta sexdens*(페루). © 시마다 다쿠

8,000만 년 전쯤부터 농업을 해왔다.[33][34]

농업을 하는 대표적인 곤충은 버섯을 키우는 버섯흰개미아과의 흰개미(사진 68)와 잎꾼개미속의 개미(사진 69)이다.

버섯흰개미는 아프리카에서부터 아시아 일대에 서식하며 일본에도 야에야마 제도(이리오모테 섬과 이시가키 섬)에 자연 분포한다. 반면 잎꾼개미 무리는 중남부 아메리카에 서식한다. 즉 서로 다른 지역에서 버섯을 기르는 사회성 곤충이 독립적으로 진화한 것이다.

버섯흰개미는 부러진 나무나 시든 풀을 먹고 똥에 균사(菌絲)를 심어서 균원(菌園)이라는 밭을 만든다. 버섯흰개미는 그 균을 먹으

사진 70 잎꾼개미의 한 종인 *Atta sexdens*의 싱싱한 균원. © 시마다 다쿠

며 나무에서 얻지 못하는 단백질을 섭취한다.[35][36]

잎꾼개미는 식물의 잎을 잘라내어 둥지로 가져가서 잎에 균을 심는다(사진 70). 영양이 풍부한 균은 주로 유충의 먹이가 되는데, 일개미 역시 평소 먹는 식물의 액으로는 보충할 수 없는 영양을 섭취하는 데에 이용한다.[32][37][38]

참고로 잎을 자르는 모습에서 잎꾼개미라는 이름이 붙게 되었으며, 수만 마리의 일개미들이 자른 잎을 집으로 가져가는 광경은 참으로 장관이다. 농작물을 포함하여 상당히 많은 종류의 식물들을 잘라서 이용하는 잎꾼개미들은 그 서식지인 중남부 아메리카에서는

중대한 해충이다.[(39)]

최첨단의 재배기술

이러한 방법들은 사람들의 버섯 재배와 비슷하다. 예를 들면, 우리가 먹는 표고버섯의 경우에는 상수리나무나 졸참나무의 굵은 가지에 균사를 심은 나무 막대를 박는다. 느타리나 잎새버섯의 경우에는 톱밥에 균사를 심는다.

다만 사람은 거기서 나는 자실체(子實體) 부분, 식물로 치면 꽃에 해당하는 부분을 '버섯'이라고 부르며 먹는다. '농업 선배'인 버섯흰개미나 잎꾼개미가 사람과 다른 점은 자실체가 아니라 균사를 먹는다는 데에 있다. 공생관계에 있는 균류도 개미들이 먹기 쉽도록 균사의 일부를 둥근 상태로 만들어 제공한다.

그 재배방법을 살펴보면 놀라지 않을 수 없다. 균원은 지하에 만들어지는데, 땅속은 잡균으로 가득하기 때문에 그냥 균을 심으면 순식간에 곰팡이나 박테리아나 다른 균으로 괴멸 상태가 되어버린다. 그러나 잎꾼개미의 가슴부분에는 특별한 공생 박테리아가 붙어 있다. 그것이 불필요한 미생물의 성장을 억제하는 항생물질을 분비하는 것이다. 이 박테리아는 공생균에는 영향을 주지 않으므로 효율적인 재배가 가능하다.[(40)]

이런 비유를 하게 되어 곤충에게는 미안하지만, 곤충들의 농업 방식은 극히 최근에 개발된 악명 높은 농법들, 즉 잡초를 말려죽이

사진 71 벌레의 똥
속에 균을 심는 *Cy-*
*phomyrmex*의 한 종인
Cyphomyrmex sp.(페
루). © 시마다 다쿠

는 제초제 살포, 제초제에 내성을 가진 유전자 조합작물을 재배하
는 등의 최신 농법과 원리적으로 매우 흡사하다. 곤충은 사람보다
먼저 농업을 시작했을 뿐만 아니라 가장 효율적인 방법까지도 앞서
만든 것이다.

또 잎꾼개미는 균의 모습을 잘 관찰한다. 자신이 가져간 식물이
균의 성장에 좋지 않으면, 다음부터는 그 식물을 가져가지 않는다.
그리고 균을 더 좋은 환경에서 재배하기 위해서 낡은 잎[培地]은 버
리고 자주 교환해준다.[41][42]

잎꾼개미 무리에는 다수의 종이 있는데, 각각 균의 재배방법이 다
르다. 이름대로 식물의 잎을 잘라 모아서 거기에 균을 심는 종부터
노래기의 똥을 모아서 균을 심는 종(사진 71), 시든 풀을 모으는 종
까지 다양하다(사진 72).

균은 각각의 잎꾼개미의 재배방식에 대응하며 잎꾼개미의 종에 따
라서 달라진다.[43][44] 이처럼 서로 대응되는 성질을 가지고 진화하는

사진 72 가위개미의 한 종인 *Acromyrmex* sp.의 초기 둥지(페루). ⓒ 시마다 다쿠

것을 공진화(共進化, coevolution)라고 한다. 잎꾼개미와 버섯은 그야말로 공생관계를 지속하며 공진화해온 것이다.

일자상전(一子相傳)

개미의 경우, 집의 규모가 어느 정도 커지면(일개미가 늘어나면), 날개를 가진 날개미가 태어나게 될 것이다. 그것이 밖으로 날아가서 같은 시기에 날아온 다른 둥지의 이성과 교미하고, 암컷(새로운 여왕)이 홀로 집을 짓기 시작한다. 개미의 (둥지의) 일반적인 증식방법이다.

잎꾼개미의 경우, 새로운 여왕이 균원을 만드는 방법을 살펴보면, 처음에는 자신이 태어난 둥지의 균원에서 균사 다발을 입 부근의 주머니에 넣고 밖으로 날아간다. 교미를 한 암개미는 날개를 떨어내고 땅에 깊이 구멍을 판다. 그리고 주머니의 균사를 꺼내서 자신

사진 73 균원 위에 있는 타이완흰개미 여왕 (초기 둥지). ⓒ 시마다 다쿠

의 똥에 심어서 새로 균원을 재배하기 시작한다.[45] 즉 자신의 부모가 키운 균을 선조 대대로 이어가게 된다. 그야말로 '일자상전의 균'(날개미는 많이 있으므로 정확히는 일자[一子]가 아니다)인 셈이다. 이와 같은 습성도 잎꾼개미와 균의 공진화의 중요한 배경 중의 하나이다.

똥에 심은 균이 성장하면 새로운 여왕은 그 부근에 알을 낳고, 부화한 유충은 그 균을 먹으면서 자란다. 일벌이 탄생하면 그것들이 밖으로 나가서 잎을 자른다.

버섯흰개미 무리에 대해서는 그렇게 많은 연구가 이루어지지 않았다. 분명 잎꾼개미처럼 재미있는 습성을 가지고 있을 것이라고 생각되지만, 상세한 것은 밝혀지지 않았다. 일본에도 그 일종인 군대흰개미(사진 73)가 서식하고 있다.

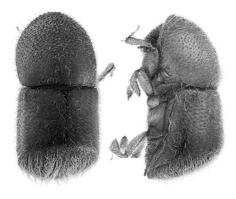

사진 74 무화과나무좀.
© 아리모토 고우이치

나무의 갱도에 균을 재배

잎꾼개미나 버섯흰개미 외에도 일부 종은 진사회성(p.133 참조)으로 알려져 있다. 목재의 해충인 나무좀이라는 작은 딱정벌레 무리(사진 74)도 균과 공생하고 있다.

나무좀의 일부는 목재에 구멍을 뚫어 굴을 판 후, 거기에 부모(자신이 자란 굴)로부터 이어받은 암브로시아균(ambrosia fungi)이라고 불리는 균의 포자를 뿌린 다음에 증가한 균류를 먹이로 삼는다. 균은 목재 속으로 침투하고 목재 표면에 드러나는 부분에는 목재의 영양분이 응축되어 있다. 균은 나무좀의 먹이로 특화되어 있는데, 그것은 단순한 자기희생이 아니라 번식과 서식지역의 확대를 나무좀에 의존하고 있는 것이다.

또 이들 나무좀은 아사회성(亞社會性) 곤충이어서 자신의 유충이 사는 굴에 균의 포자를 뿌리고 먹이를 제공한다.[46][47]

154

나무좀 외에도 몸속에 균을 가지고 있다가 그것을 새로운 곳에서 재배하는 곤충은 의외로 많은데, 특히 크기가 아주 작은 딱정벌레 무리에 많다. 그러한 딱정벌레는 몸의 일부에 균낭이라고 불리는 구멍을 가지고 있으며, 거기에 균을 소지하고 이동할 수 있다.[48]

개미식물

식물 속에 사는 개미도 있다. 그냥 살기만 하는 것이 아니라, 식물로부터 살 곳을 제공받는 대신에 개미는 다른 곤충들로부터 식물이 입는 피해를 방지해준다. 이처럼 개미와 공생하는 식물을 개미식물이라고 하는데, 열대지방을 중심으로 세계 각지에서 찾아볼 수 있다.

동남 아시아에서는 등대풀과의 마카랑가속(*Macaranga*) 식물이 개미식물로 유명하며 특히 보르네오 섬, 말레이 반도, 수마트라 섬에 다양하게 분포하고 있다. 대부분은 꼬리치레개미속의 개미와 공생하며 식물의 종별로 어느 정도 정해진 종의 꼬리치레개미와 관계를 맺는다.[49][50][51]

마카랑가는 종별로 개미와 공생하는 정도가 다른데, 기본적으로 개미는 잎을 먹는 곤충으로부터 마카랑가를 보호해주고 그 대신에 줄기 속에서 자신이 살 집과 '영양체'라는 전용 먹이를 제공받는다.[52][53] 본래는 개미와 공생하는 종인데도 그 기회를 얻지 못하는 마카랑가도 종종 발견된다. 그런 것은 메뚜기나 애벌레 등의 다

사진 75 *Macaranga*의 줄기 속의 꼬리치레개미의 한 종인 *Crematogaster* sp.의 둥지 속과 거기에 사는 깍지벌레의 한 종인 *Coccus* sp.(말레이시아). ⓒ 고마츠 다카시

른 벌레에게 먹혀서 대머리가 된 경우가 많다. 이것만 보아도 개미의 방어효과가 얼마나 큰지 알 수 있다.

개미와 공생하지 않는 마카랑가종도 있는데, 그것들은 체내에 강한 독을 가지고 있어서 자신을 노리는 곤충에게 먹히지 않게 된다. 독을 만드는 데에도 영양분을 투자해야 하는데, 개미와 공생하는 마카랑가종은 그 투자를 영양체에 대신하고 있는 것이다.

또 개미집 안에는 노린재목의 깍지벌레를 기르는 경우가 많다(사진 75). 즉 개미는 식물이 내어주는 영양체와 깍지벌레의 감로(甘露)에 둘러싸여 생활하는 셈이다.[54]

그밖에도 아프리카의 사바나에 사는 콩과의 아카시아나 남아메리카의 열대우림에서 자라는 쐐기풀과의 세크로피아라는 식물도 개미에게 영양체를 주고 개미와 공생관계를 맺는다(사진 76). 개미는 안전한 집과 먹이를 제공받게 되므로 축복받은 신분이기는 하지만, 일하지 않는 자는 먹지도 말라는 말처럼 최선을 다해서 다른 곤충으로부터 식물을 지켜야 한다.[55]

사진 76 영양체를 옮기는 아스테카 개미의 한 종인 *Azteca* sp.(왼쪽)과 세크로피아 *Cecropia* sp.의 잎의 연결부분에 분비되는 영양체(오른쪽)(페루). ⓒ 고마츠 다카시

특히 세크로피아에 공생하는 아스테카 개미(Azteca ants)는 세크로피아 주변에 생기는 식물까지 제거하여 세크로피아가 잘 자랄 수 있는 환경을 만든다.[56]

연립주택에서 사는 주민

개미식물은 양치식물에서부터 종자식물에 이르기까지 여러 차례 독립적으로 진화했으며, 지금까지 소개한 식물 이외에도 다양한 것들이 알려져 있다.

몇몇 식물들은 개미에게 집을 제공할 뿐 특정한 개미와 공생관계를 맺지 않는, 소위 느슨한 공생관계인 것도 있다.

동남 아시아에 분포하는 꼭두서니과의 미르메코디아 투베로사

사진 77 *Myrmecodia tuberosa*
Myrmecodia sp.(필리핀). © 고마
츠 다카시

(*Myrmecodia tuberosa*)라는 가시로 덮인 식물(사진 77)은 줄기 속에
미로 모양의 공동(空洞)이 있어서 개미에게 절호의 주거환경을 제공
한다. 게다가 그 공동은 개미가 내놓은 똥과 먹이의 잔여물에서 영
양분을 흡수할 수 있도록 되어 있다. 즉 개미는 집에 비료를 주어
유지하고 확장시키는 것이다(식물의 생장을 촉진시키는 것이다).[57][58]
　에도 시대(江戸時代)에는 연립 주택에 사는 주민이 비료로 쓰일 분
변을 부근의 농가에 팔고, 농가에서 기른 채소를 인근 사람들이 먹
게 되어 좁은 지역에서 영양 순환이 이루어졌다. 미르메코디아 투베
로사의 경우에 개미는 경비원이라기보다는 연립 주택에서 사는 주
민 같은 존재일지도 모른다.

이러한 공생 형태를 가지는 개미식물은 거친 땅이나 맹그로브 숲 등의 영양분이 적은 환경에서 살며, 개미가 영양분 보급을 담당하는 경우가 많다.

그리고 개미 이야기는 아니지만, 남아프리카에 자생하는 장미목의 로리둘라속 식물은 잎에서 나오는 강력한 점액으로 곤충을 잡는다.

이런 식물은 세계 곳곳에서 관찰되는데, 내뿜은 소화효소에 달라붙은 벌레를 영양원으로 삼는 경우, 식충식물(食蟲植物)이라고 한다. 일본의 습지에서는 끈끈이주걱이라는 작은 식물이 발견된다.

그러나 로리둘라는 소화효소를 내뿜지 않는다. 그 대신에 잎 위에 장님노린재과의 노린재의 한 종이 서식하는데, 붙잡힌 벌레를 먹으며 식물의 영양원이 되는 똥을 싼다. 재미있게도 노린재는 식물이 내뿜는 끈끈한 물질에 들러붙지 않도록 진화되었다.[59][60] 어느 쪽이 이득이 되는지는 모르겠지만, '먹이를 잡아서 제공하는 식물'과 '비료를 주는 노린재'라는 탄탄하게 만들어진 공생관계라고 할 수 있을 것이다.

목축

개미와 우유

진딧물은 식물의 새싹에 군생하면서 즙을 빨아 먹으며 생활한다. 그로 인해서 식물이 약해지거나 식물 특유의 병이 옮기도 하므로 채

사진 78 주둥이왕진
딧물로부터 꿀을 받
아 먹는 고동털개미

소 및 원예식물의 해충으로 여겨지기도 한다.

진딧물이 집단으로 사는 곳에는 개미들이 모이는 경우가 많다(사진 78). 진딧물은 식물의 즙(체관액)을 빨아서 필요한 영양분을 흡수하는데, 식물의 즙에는 필요 이상의 당분이 들어 있어서 여분의 영양분이 오줌으로 배설된다.

감로(甘露)라고도 불리는 진딧물의 오줌은 당분 외에도 아미노산 등의 영양분이 풍부하여 감로를 찾아서 개미가 모여든다. 개미에게 진딧물은 달콤하고 영양분이 풍부한 우유를 생산하는 소와 같은 존재이다.[61]

개미는 진딧물의 감로를 핥아서 자신의 먹이로 삼는 한편, 소중한 '우유'를 포식자(거미나 무당벌레, 파리의 유충인 꽃등에)나 기생자(진딧물에 알을 낳는 작은 벌 등)로부터 지키고자 애쓴다. 진딧물의 몸은 매우 부드러워서 마치 영양분이 넘치는 액체가 든 물풍선 같다. 게다가 재빨리 도망칠 수도 없으므로 포식성 생물이 노리기 쉽고 습격을 당하면 아무것도 남지 않는다.

또 진딧물이의 감로가 흐르면 알테르나리아(*Alternaria*)라는 곰팡이가 발생하게 되므로 진딧물 자신도 불결한 환경에서 생활하게 되고, 알테르나리아 때문에 식물이 병들면 자신들의 먹이의 질마저 떨어진다.

이런 점에서 개미와 진딧물은 떼려야 뗄 수 없는 공생관계를 이루며, 실제로 진딧물 중에서는 개미가 없으면 금방 괴멸하는 집단도 있다.

그러나 이러한 곤충들의 공생관계를 아름다운 우정으로 단정지을 수는 없다. 개미가 진딧물의 감로를 너무 빨아대는 통에 진딧물이 성장에 방해를 받는 사례도 보고되고 있으니 말이다.[62][63] 또한 개미는 진딧물이 너무 많아지면, 솎아내고 그것을 먹이로 삼기도 한다.[64] 뒤에 상세히 설명하겠지만, 공생에서도 이익과 불이익이 완전히 평등하게 배분되는 상황은 이루어지기 어려운 듯하다.

혼수용품

마카랑가와 공생하는 꼬리치레개미의 둥지 속에 있다고 소개한 깍지벌레라는 곤충도 진딧물처럼 개미와 공생관계를 가지는 것이 적지 않다. 이 무리에는 언뜻 곤충이라고는 생각되지 않는 조개 껍데기 모양을 한 곤충도 있다(사진 79).

사진 79 루비깍지벌레. ⓒ 고마츠 다카시

　이 깍지벌레 무리의 경우, 부화 후 식물의 즙을 빨기 시작한 유충은 등에서 왁스처럼 끈적이는 물질을 내어 그 식물에 달라붙는다. 그 끈적이는 물질이 점점 더 커져서 이윽고 벌레의 모습은 보이지 않고 마치 조개껍데기처럼 보이게 되는 것이다. 이 조개껍데기의 틈새에서 감로가 나오고 진딧물과 마찬가지로 개미와 공생관계를 이룬다.

　그러나 이 깍지벌레 무리가 모두 조개껍데기처럼 단단한 물질로 덮여 있는 것은 아니며, 일부는 진딧물처럼 몸이 드러난 것도 있는데, 대부분은 앞의 진딧물처럼 개미와 공생관계를 맺고 있다. 아크로피가 사우테리(*Acropyga sauteri*)라고 하는 개미와 개미의 보물이라고 하는 깍지벌레와의 관계로 말하자면 궁극의 공생관계라고도 할 수 있을 것이다(사진 80). 아크로피가 사우테리는 영양원의 대부분을 깍지벌레에서 나오는 감로에 의존하므로 그것이 없이는 살 수 없다.

사진 80 *Acropyga sauteri*의 둥지 속에 있는 깍지벌레와(왼쪽) 한 마리를 물고 날아오르는 *Acropyga sauteri*의 암컷(오른쪽). © 시마다 다쿠

깍지벌레도 반드시 아크로피가 사우테리의 둥지 속에서 생활하며 아크로피가 사우테리가 없으면 거주지도 먹이도 얻을 수 없다. 깍지벌레는 진딧물처럼 부드러운 몸을 가지고 있으며 보통의 깍지벌레처럼 껍데기를 만들지 않는다. 구체적으로 설명하면, 아크로피가 사우테리는 땅에 판 둥지 속에서 식물의 뿌리에 깍지벌레를 놓고, 식물의 즙을 빨게 하며 열심히 돌보면서 깍지벌레가 배설하는 감로를 받는 것이다.[65][66][67][68]

이처럼 절대적인 공생관계가 되면, 어느 쪽이 득이고 어느 쪽이 손해라는 개념도 없을지 모른다.

그러면 어떻게 조상 대대로 이런 관계가 이어졌을까? 암개미(새로운 여왕)가 둥지를 떠날 때 한 마리의 개미의 보물을 입에 물고 가서 다른 둥지의 수컷 개미와 짝짓기를 한 후, 새로 만든 둥지 속에서 그 깍지벌레를 증식시키기 때문이다.[69][70]

아크로피가 사우테리에게 깍지벌레는 인간으로 치면 혼수용품과 같지만, '생사와 관련된다'는 점에서 중요성이 다르다. '개미의 보물'이란 표현은 지극히 적절한 이름인데, 개미에게는 그것이 우리가 생각하는 보물 이상의 존재임이 틀림없다.

전쟁

기본적인 관계는 투쟁

앞에서 이야기한 공생관계처럼 어떤 생물이 모르는 남과 사이좋게 지내는 것은 예외적인 현상이며, 생물은 기본적으로는 먹느냐 먹히느냐의 관계이거나 또는 경쟁하고 싸워야 할 상대가 대부분이다.

직접적인 투쟁이 보이지 않아도 먹이나 생활장소가 겹치면 항상 '갈등'이 생길 수밖에 없다.

한정된 하나의 먹이 자원이나 서식장소를 두 종의 생물(개체나 개체군)이 같은 영역에서 이용할 경우, 먹이와 장소를 효율적으로 이용할 수 있는 쪽이 생존에 유리하며 결과적으로 한쪽은 사라지기도 한다. 두 종 사이에 직접적인 투쟁은 없어도 결과적으로 한쪽이 다른 한쪽을 쫓아버리는 셈이 된다.[71]

물론 이런 현상은 인간사회의 다양한 관계에서도 그대로 적용된다. 사회가 커지면 잘 드러나지 않지만, 개인 간의 관계나 동종업계의 기업 간 경쟁 등을 통해서 잘 알 수 있다.

사진 81 수액을 빠는 장수풍뎅이. © 고마츠 다카시

사실은 평화주의자

'곤충이 서로 싸운다'는 이야기를 들으면, 곤충을 좋아하는 사람들이 가장 먼저 떠올리는 것은 장수풍뎅이(사진 81)가 아닐까? 누구나 어릴 때 한번쯤은 장수풍뎅이끼리 싸움을 붙여본 경험이 있으리라.

이 장의 본래 주제인 사회성 곤충 이야기에서는 벗어나지만, 넓은 의미에서 생물의 사회를 군집(群集, community)이라는 말로 표현할 수 있다. 예를 들면, 벚꽃을 이용하는 다양한 종의 곤충이 있을 경우, 그 곤충들을 통틀어 '벚꽃의 곤충군집'이라고 부른다.

장수풍뎅이는 상수리나무나 졸참나무의 수액에 모여드는데, 이 수액이 있는 곳은 다양한 곤충들에게 이용되어 수액의 곤충군집을 형성한다. 낮에는 풍이 등의 중소형 딱정벌레, 각종 말벌, 왕오색나

사진 82 나무에 구멍을 뚫고 사는 굴벌레나방의 유충. © 고마츠 다카시

비나 흑백알락나비 등의 나비가 이 수액을 이용한다. 밤에는 장수
풍뎅이나 각종 하늘가재, 하늘소 같은 큰 딱정벌레가 수액에 모여
든다. 그리고 밑빠진벌레 등과 같은 작은 딱정벌레는 낮밤을 가리
지 않고 이용한다.

그리고 나무에 구멍을 뚫고 생활하는 굴벌레나방이라는 나방의
유충(사진 82)은 나무에 상처를 내서 수액이 잘 나오도록 만든 후
에 수액에 모여드는 작은 곤충을 잡아먹는다.[72]

이밖에도 여러 곤충들이 수액에 모여들고 복잡한 수액의 곤충군
집을 형성하여, 당분이나 단백질 등 영양이 풍부한 수액을 둘러싼
다양한 투쟁을 벌이며 살아간다.

그렇다면 '어느 것이 가장 강할까?'라는 호기심이 생기기도 하는데, 실상 어느 곤충이 가장 강한지는 확실하지 않으며 상황에 따라서 달라지는 듯하다. 그러나 밤을 중심으로 생활하는 대형 딱정벌레 가운데에서는 분명히 장수풍뎅이나 몸집이 큰 하늘가재가 가장 강할 것이다.

장수풍뎅이는 적이 되는 곤충을 그것의 아랫부분을 파고들어 뿔을 밀어넣고 들어올려서 던져버린다. 하늘가재는 적을 큰턱에 끼워 들어올린 다음 나무 아래로 떨어뜨린다.

몸집이 큰 딱정벌레가 수액을 둘러싸고 싸우는 이유는 단순히 먹이를 확보하려는 목적 외에도 짝짓기 장소인 수액을 지키려는 의미도 있다. 즉 수액을 독점하면 그것을 찾아온 암컷과 우선적으로 짝짓기를 할 수 있기 때문이다.

장수풍뎅이나 하늘가재라고 하면 '전투'를 떠올리는 사람이 적지 않을 텐데, 사실 야외에서의 싸움은 그리 빈번하게 일어나지 않는다. 장수풍뎅이는 싸우기 전에 수컷끼리 뿔을 맞대보고 서로 뿔의 길이를 확인하는데, 이 시점에 이미 승부가 판가름나는 경우도 많다고 한다.[73]

장수풍뎅이는 크고 작은 개체변이가 있다. 작은 수컷은 크기가 40밀리미터 정도밖에 되지 않지만 큰 수컷은 60밀리미터가 넘는다. 이처럼 개체 간에 크기 차이가 큰 경우에 승부는 처음부터 뻔하다. 이런 상황에서 싸우면 작은 수컷이 내동댕이쳐지고 크게 다치기도 한다. 따라서 작은 수컷은 큰 수컷이 활동하지 않는 이른 시간에

수액에 나타나는 쪽을 택함으로써 가급적 질 것이 뻔한 싸움을 피한다는 것도 보고되었다.[74]

하늘가재 중에서도 톱하늘가재를 연구한 사례에서는 수액에 진을 치고 있던 수컷에게 다른 수컷이 다가가도 대개 싸움은 일어나지 않는 것으로 밝혀졌다.[75] 사육하는 하늘가재에게 싸움을 붙이려고 해도 좀처럼 싸우지 않는 상황을 경험한 사람이라면 쉽게 납득이 될 것이다.

장수풍뎅이나 하늘가재의 수컷처럼 훌륭한 뿔을 가지고 태어난 벌레라도 싸움은 체력을 소모시키고 사고로 상처라도 입게 되면 그 후의 생활에 지장이 생기므로, 쓸데없는 싸움은 피하려는 것이다. 역시 생물은 불필요한 행동을 하지 않는다.

개미의 싸움

사회성 곤충의 특징은 배타성을 가진다는 점이다. 같은 종이라도 다른 둥지에 있는 곤충은 생판 남이고 적이므로 때때로 비장한 싸움이 벌어진다.

다만 쓸데없는 싸움은 서로에게 손실을 주기 때문에 사회성 곤충 역시 무턱대고 싸움을 벌이지 않도록 진화해왔다. 일정한 영역(활동 장소)을 가지는 것은 무익한 싸움을 피하는 중요한 수단이다. 그래도 서로의 영역이 겹칠 경우에는 어쩔 수 없이 싸우게 된다.

일본의 공원 등에서도 쉽게 볼 수 있는 개미 중에서 일본왕개미나

사진 83 꿀단지개미(*Myrmecocystus mimicus*)의 일개미(미국). © 알렉스 와일드

주름개미가 있는데, 때때로 두 둥지에 사는 동종의 개미들이 서로 싸우는 모습이 관찰된다. 아직 상세히 연구된 바는 없지만, 두 둥지의 중간지점에서 많은 일개미가 들러붙어서 물어뜯고 싸우는 모습이 목격되기도 한다. 어떤 것은 죽고, 어떤 것은 다리나 더듬이를 잃는 광경은 인간의 전투만큼이나 비참하기 그지없다.

치열한 영역 싸움

이렇게 단순한 전투를 하는 개미도 있는 반면, '지적인' 싸움을 하는 개미도 있다.

북아메리카의 건조지대에서 자주 보이는 꿀단지개미(사진 83)는

사진 84 꿀단지개미의 한 종인 *Myrmecocystus mexicanus*의 꿀단지 역할(멕시코).
© 알렉스 와일드

그 이름에서 알 수 있듯이 일개미가 '꿀단지 역할'을 한다. 그것들은 배 부분에 다른 일개미들이 모아온 꿀을 넣어두었다가 둥지 천장에서 떨어뜨리는, 살아 있는 꿀 저장고 역할을 하게 된다(사진 84). 건조한 곳은 곤충이 살기에 힘든 환경이다. 꿀단지 개미들이 이렇게 꿀단지 역할을 하게 된 것도 건조한 기후에서 수분을 유지하는 데에 효과적이기 때문이다.

꿀단지개미와 먼 친척관계에 있는 오스트레일리아의 건조지대에서 서식하는 왕개미속 개미 역시 '꿀단지 역할'을 하던 개미가 독립적으로 진화한 것이다. 이런 진화를 수렴진화(收斂進化)라고 한다.

사막의 주민은 호전적이라는 소위 '풍토론(風土論)'을 이 경우에 적용하는 것은 아니지만, 항상 먹이의 고갈 위기에 직면하는 탓인지 건조지대의 개미들은 동종의 다른 둥지 간에 그리고 다른 종의 개미와의 전쟁에서 극히 치열하게 싸운다.

　꿀단지개미는 꽃의 꿀 이외에도 초식동물의 똥을 먹는 흰개미를 먹이로 삼는다. 흰개미는 부드럽고 영양이 풍부해서 꿀단지개미 이외에도 일반적으로 많은 개미들에게 더없이 좋은 먹이이다. 꿀단지개미는 다른 꿀단지개미의 영역 가까이에서 흰개미를 발견하면, 대거 그 꿀단지개미의 둥지를 습격하고 상대의 활동을 제압한다. 그 사이에 나머지 일개미들이 흰개미를 잡아서 옮긴다. 흥미로운 것은 그때 다른 둥지의 꿀단지개미와 우연히 마주쳐도 서로에게 상처를 입히는 따위의 폭력적인 행동을 하지 않는다는 점이다.

　두 둥지의 수백 마리의 개미들이 뒤섞인 가운데, 발돋움을 하고 (개미니까 다리를 높이 펴들고) 서로의 주위를 돌면서 우위를 겨룬다. 작은 개미는 작은 돌 위에 올라가서 자신보다 더 큰 개미를 견제한다. 그리고 때로는 더듬이나 다리로 상대방을 쳐보기도 한다. 그야말로 일촉즉발의 순간이다.[76][77]

　그러나 본격적인 영역 싸움이 터지면 이 정도로 끝나지 않는다. 격렬한 전투가 벌어지고 며칠 동안 싸움이 계속되기도 한다. 약한 둥지는 전력이 우세한 둥지의 일개미에게 공격을 당한 끝에 여왕은 죽고, 유충과 번데기, 꿀단지 역할의 개미, 젊은 일개미는 끌려가서 강한 둥지의 구성원으로 합류하게 된다.[78]

사진 85 *Forelius*의 한 종인 *Forelius pruinosus*(미국).
© 알렉스 와일드

나중에 개미의 노예제도에 대해서 설명할 텐데, 이 전쟁과 노예제도의 다른 점은 새로 합류한 개미가 완전히 새 둥지의 일원이 되어 승리한 둥지의 개미와 평등하게 노동을 한다는 점이다.

이리하여 강한 꿀단지개미의 둥지는 점차 규모를 키워가고 다른 둥지의 꿀단지 개미들을 끌어들여 세력을 떨친다.[32] 마치 중국의 삼국시대와 전국시대, 그리고 고대 유럽의 전쟁을 보는 듯하지 않는가? 이러한 행위는 개미의 전투 중에서도 특히 고등한 전투행위에 해당한다.

강적들

그러나 꿀단지개미의 적은 다른 둥지의 같은 종만이 아니다. 그 외에도 몇몇 경쟁 종이 존재한다. 포렐리우스속(*Forelius*)의 한 종(사진 85)도 꿀단지개미와 영역이 중첩되며 서로 경쟁관계에 있다. 이

사진 86 *Dorymy-rmex*의 한 종인 *Dorymyrmex bicolor*(미국). © 알렉스 와일드

개미는 꿀단지개미의 몇 분의 일에 불과한 작은 개미이지만, 먹이 영역이 겹치면 꿀단지개미의 둥지를 습격한다. 그들은 배 부분에서 꿀단지개미가 싫어하는 화학물질을 꺼내서 꿀단지개미를 둥지 입구의 안쪽에 가두고 그 사이에 먹이를 독점한다.[79] 이 화학물질이 둥지 안쪽으로 퍼지면, 개미가 움직이지 못할 정도이니 인간사회로 치면 최루가스 같은 것일지도 모르겠다.

또 도리미르멕스속(*Dorymyrmex*)의 한 종(사진 86)도 다른 꿀단지개미와 같은 장소에서 경쟁관계를 형성하는데, 그들의 전술 역시 흥미롭다. 그들은 작은 돌을 물고 와서 꿀단지개미의 둥지 입구에서 안으로 던져넣는다. 이 전술로 인해서 꿀단지개미는 둥지에서 나오기가 힘들고 결국 먹이를 가지러 갈 수도 없게 된다.[80]

이런 '투석 행동'은 다른 개미들에게서도 독자적으로 진화했다. 북아메리카의 건조지대에서도 장다리개미속의 한 종이 수확개미속의 한 종의 둥지 입구를 막아 먹이를 구하러 가지 못하도록 방해하는

것으로 밝혀졌다.[81]

그밖에도 건조지대에서 개미의 싸움이 관찰된 예는 많다. 건조한 기후로 인해서 생존이 매우 힘든 환경이며, 그런 환경에서 개미라는 고등한 사회성 곤충이 살아남기 위해서 전투행동을 어떻게 진화시켜왔는지를 엿볼 수 있다.

자폭공격

배타성이 강한 개미는 싸움에 능한 것이 많다. 그중에서도 말레이시아의 자살폭탄개미(사진 87 왼쪽)가 최고라고 간주된다. 이 개미는 이름 그대로 '폭발하기' 때문이다.[82]

자살폭탄개미는 머리 부분에 있는 방어물질을 분비하는 주머니인 큰턱샘이 크게 발달했다. 큰턱샘이 머리에서 배 끝까지 몸의 상당 부분을 차지하는데, 다른 개미나 거미 같은 적을 만나면 근육을 경직시켜 이 주머니를 폭발시키게 된다. 그 결과 배에서 노란색이나 흰색의 점착성 액이 튀어나오면서 적을 포박해서 움직이지 못하게 한다. 이때 폭발한 개미도 죽기 때문에 둥지의 무리를 위한 희생이라고 볼 수 있을 것이다.

자살폭탄개미와 비슷한 개미로 노란가슴꼬리치레개미(사진 87 오른쪽)가 있는데, 가슴 부분에 있는 뒷가슴샘이라는 부분이 크게 발달했다. 이 개미 역시 적에게 공격을 당하면 뒷가슴샘에서 흰색의 점착성 액을 내뿜어 적을 움직이지 못하게 하는데,[83] 정작 자신은 금

사진 87 자살폭탄개미(*Camponotus saundersi*)(왼쪽)와 노란가슴꼬리치레개미
(*Crematogaster inflata*)(오른쪽)의 일개미

세 죽는 경우가 많다.

두 개미가 내뿜는 액은 모두 점착성이 강해서 손가락에 붙으면
오래도록 끈적인다.

둥지의 구성원이 자폭하는 것은 인간의 전쟁이나 테러 행위에서도
그러하듯이 궁극적인 전술이다. 다만 인간의 행위는 자신의 유전자
를 남기려는 것과는 거의 무관하므로, 같은 유전자를 가진 둥지의
무리를 살리려는 개미의 자폭행위와는 의미가 전혀 다르다.

열 공격

꿀을 생산하기 위해서 사육되는 벌은 주로 유럽이 원산지인 양봉
꿀벌이지만, 일본에도 일본꿀벌(사진 88)이라는 재래꿀벌이 있다.

사진 88 일본꿀벌. © 고마츠 다카시

일본꿀벌은 나무의 입구가 좁은 구멍에 집을 짓는 경우가 많으며, 입구에는 늘 많은 일벌들이 경계태세를 보이고 있다. 그들이 경계하는 대상은 주요한 천적인 대형 말벌류이다.

황말벌 같은 대형 말벌은 잡혀간 꿀벌을 공격하고 큰 전쟁을 일으킨다. 이들 대형 말벌은 일본 꿀벌의 집으로 쳐들어가서 일본꿀벌의 유충을 빼앗아가는데, 잡혀간 유충은 말벌과 그 유충의 먹이가 된다. 물론 일본꿀벌도 가만히 당하고만 있지는 않는다. 둥지를 습격하러 온 말벌에게 집단으로 달려들어서 둥글게 포위한 후에 각 개체가 근육을 흔들어 발생시킨 열로 말벌을 죽여버린다.[84] 이런 방어기제는 적어도 수십만 년이라는 긴 세월을 말벌과 같은 지역에서 살면서 싸워온 일본꿀벌이 익힌 대항책이다.

말벌이 적은 유럽의 양봉꿀벌에게는 이런 대항책이 없어서 일본에서 사육되는 유럽 양봉꿀벌과 그 양봉가에게 일본의 말벌류는 저항하기 어려운 위협적인 천적이다.

노예 사용

곤충에게도 존재하는 슬픈 세계

전쟁에 이어서 안타까운 이야기가 계속되는데, 곤충의 세계에도 버젓이 노예제도가 존재한다. 언뜻 한가로워 보이는 자연계이지만, 피도 눈물도 없는 관계가 존재하는 것이다.

그러나 자연계를 한가롭게 보는 시각 자체가 사실은 큰 오해이다. 실제로 자연계는 정적 속에서 냉혹한 사투가 반복되는 세계이기 때문이다. 곤충의 노예제도는 그러한 실태를 '정직하게' 보여준다.

앞으로 소개할 개미의 노예제도는 기생의 한 형태이다.

우리는 기생(寄生, parasitism)이라고 하면 기생벌이나 사람의 소화관에 기생하는 요충처럼 타자의 몸에 빌붙어 사는 것을 상상하는데, 그것만은 아니다. 기생은 여러(통상은 둘) 생물들의 공생관계에서 이익이 한쪽으로 치우치는 경우를 말한다.

기생은 다양한 생물에서 진화했으며 개미를 속여서 먹이를 얻는 곤충을 포함해서 그 형태는 실로 제각각이다.

생물이 적은 노력으로 많은 이익을 얻고자 하는 효율성을 생각했을 때, 가장 합리적인 방법은 기생이다. 수많은 생물들에게서 독립적으로 기생성이 진화하고 그런 생물이 오늘까지 살아남은 것을 보면, 기생이라는 생활양식이 얼마나 적응적인 선택지인지 알 수 있다.

참고로 지금까지 이야기한 개미와 다른 곤충들 또는 식물과의 관계처럼 실제로 공생(共生, symbiosis)이라는 것도 대개는 어느 한쪽에 이익이 편중되기 때문에 공생은 곧 기생이라고 생각해도 틀리지 않다.

균형을 이루고 있는 공생관계라고 해도 둘 이상의 개체 혹은 사회(혹은 집단)가 서로 관계를 가지면, 반드시 서로 자신들이 더 많은 이익을 차지하려고 경쟁한다. 서로 무너지지 않을 정도로 균형을 유지하는 상태가 일반적으로 상리공생(相利共生, mutualism)이라고 불리는 관계이다.

노예 사냥

여름이 되면 풀숲에서 개미가 다른 개미의 둥지로 들어가서 번데기를 가지고 나오는 광경을 볼 수 있다. 이는 사무라이개미가 곰개미를 대상으로 벌이는 노예 사냥이다.

사무라이개미의 일개미는 스스로 먹이를 구하지도 못하고 먹이를 부수어 먹지도 못한다. 게다가 자신들의 형제가 되는 유충을 키우는 일조차 하지 못한다. 대신에 이 모든 일들을 노예로 삼은 곰개미

사진 89　낫 모양의 큰턱을
가진 사무라이개미(*Polyergus
samurai*)의 일개미의 얼굴.
© 시마다 다쿠

들이 처리하게 한다(화보 7페이지).[85]

노예가 된 곰개미는 1, 2년이 지나면 죽기 때문에 부족한 노동력을 메우기 위해서 사무라이개미는 또다시 가까운 곰개미의 둥지로 가서 성장한 유충과 번데기를 빼앗아온다. 그리고 성충이 된 곰개미의 일개미를 노예로 삼는다.[86][87]

사무라이개미의 일개미는 평소에는 아무 일도 하지 않지만, 노예사냥에서는 대단한 활약을 한다. 큰턱은 보통의 개미처럼 무엇인가를 자르거나 씹도록 설계된 것이 아니라, 곰개미의 번데기를 약탈할 때 저항하는 곰개미와 싸우거나 그 유충과 번데기를 운반하기 위해서 끝이 뾰족한 낫 모양을 하고 있다(사진 89).

곰개미는 적군과 아군을 구분하지 못하는 '물정 모르는' 유충이나 번데기 시절에 끌려가므로 성충이 되었을 때, 그곳이 자신들이 태어나고 자란 둥지인 줄 알고 당연한 듯이 노동을 한다.[88]

사진 90 사무라
이개미의 암캐미
(여왕). © 시마다
다쿠

단독 쿠데타

여기에서 의문스러운 것은 양육조차 자신이 하지 못하는 사무라
이개미가 어떻게 무리를 지어 집을 짓는가 하는 점이다.

앞에서 썼듯이, 개미는 날개가 있는 암개미가 태어난 둥지에서 나
와 다른 둥지의 수개미와 교미한 후에 완전히 새로운 장소에서 새
둥지를 만든다. 그리고 자신의 입에서 영양분을 꺼내서 유충에게 먹
이며 처음에는 단독으로 새끼를 키우기 시작한다. 이후에 새로운 일
개미가 태어나면 그들이 밖에서 일을 해서 여왕에게 먹이를 바친다.

그러나 사무라이개미의 경우에 교미를 마친 암개미(사진 90)는 곰
개미의 둥지에 단독으로 침입하여 곰개미의 여왕을 죽이고 새로운
여왕이 된다. 그리고 자신이 낳은 알을 둥지에 있던 곰개미의 일개
미들에게 키우게 하고 먹이도 그것들을 통해서 얻는다.[89][90][91] 말하
자면 쿠데타를 일으키는 셈이다.

어떻게 이런 일이 가능할까? 사무라이개미의 암개미는 침입할 때 곰개미와 같은 둥지 냄새를 가지게 되며, 곰개미의 여왕을 죽일 때에 그 여왕의 냄새를 얻는다. 이를 통해서 여왕의 자리에 앉을 수 있다.[92] 다만 곰개미의 둥지를 침입한 사무라이개미의 암개미는 대부분 많은 곰개미에게 몸이 떠밀려 순식간에 살해당하는 것이 틀림없다. 사무라이개미의 둥지는 숫적으로 매우 적은데, 이 침입의 성공률이 높으면 사무라이개미의 둥지가 많겠지만, 실상은 매우 낮기 때문이다. 그리고 무엇보다도 사무라이개미 둥지만 많으면, 곰개미가 자취를 감추게 될 것이 아닌가? 생물이 진화해온 역사 과정에서 기생자가 과도하게 늘어나서 기생 상대(숙주)가 사라지면서 같이 멸망한 경험이 있었을 것이다.

각양각색의 노예제도

노예 사역은 개미과에서 몇 번이고 독립적으로 진화했다.

일본에서는 사무라이개미 이외에도 분개미라는 산악지대에서 사는 붉고 큰 개미(사진 91)가 노예 사냥을 한다. 가련하게도 분개미들의 노예 사냥 대상도 곰개미이다.

그러나 분개미는 노예가 없어도 단독으로 생활할 수 있다. 스스로 먹이를 구하고 먹을 수도 있다. 노예제도는 더 효율적으로 둥지 환경을 유지하고 유충을 기르기 위한 수단이다.[32][93]

물론 수천 마리나 되는 노예들이 있으면 둥지의 노동력이 되므로,

사진 91 분개미의 암
개미(왼쪽, 여왕)와
노예인 곰개미의 일개
미(오른쪽). ⓒ 시마
다 다쿠

분개미에게 노예 개미가 있고 없고는 큰 차이이다. 이런 종이 점차
노예에 의존하는 생활에 특화되면서 사무라이개미처럼 단독으로는
생활하지 못하는 개미가 태어난 것이리라.

사무라이개미와 비슷한 행동을 하는 것처럼 보이는 개미가 일본
에 또 있다. 이빨개미(사진 92)라는 이름을 가진 이 개미는 사무라이
개미와 마찬가지로 낫 모양의 큰턱을 자랑한다. 기생성 종이 늘 그
렇듯이, 개체수가 적고 특히 일본산 종은 너무 희소해서 찾기가 어렵
다. 생태에 대해서도 거의 밝혀진 바가 없으며, 숙주인 주름개미의 둥
지에 사는 것이 발견되었을 뿐이다.[94] 유럽에서 서식하는 이빨개미의
한 종에서는 노예 사냥을 하는 모습이 관찰되었다. 그 종의 개미는
지하에서 주름개미의 한 종의 집에 침입하여 저항하는 상대 일개미를
큰턱으로 찔러 죽였으며, 그 유충이나 번데기 그리고 저항하지 않는
일개미를 자신의 둥지로 끌고 가서 노예로 삼는다고 한다.[95]

이 습격에는 이미 노예가 된 주름개미의 일개미도 참가한다. 이는

사진 92 이빨개미(위)와 그것의 숙주인 주름개미(아래). © 시마다 다쿠

전쟁에서 포로가 된 병사가 적국의 병사들과 함께 모국을 치는 것과 같다. 노예가 얼마나 그 둥지의 일원으로 편입되었는지를 알 수 있는 모습이다.

계속되는 변장

지금까지 소개한 노예 사역처럼 어떤 종의 사회성 생물이 다른 종의 사회성 생물의 사회에 의존하는 것을 사회기생(社會寄生, social parasitism)이라고 한다. 노예 사역은 사회기생의 일종이며, 사회기생에는 그밖에도 다양한 형태가 있다.

예를 들면, 일시적인 사회기생이라는 것이 있다.[96] 다른 종의 개미둥지에 침입한 여왕이 그 둥지의 여왕이 되어 자신의 알이나 유충을 키우도록 하는 것까지는 노예제도를 활용하는 여타의 종들과 같다. 그러나 새로 태어난 일개미는 원래 존재하던 둥지의 일개미와 동등하게 일한다. 숙주 둥지의 여왕은 이미 없어졌으므로 숙주 둥지의 일개미가 수명을 다하면 기생종 일개미가 계속 늘어난다. 결국에는 기생종의 일개미만 남게 된다. 이렇게 둥지의 창설 단계에만 기생이 일어나므로 "일시적"이라는 표현을 쓴다.[97]

일본의 잡목림에서 흔히 볼 수 있는 가시개미라는 이름의 뾰족한 대형 개미도 일시적 사회기생성을 가진 종인데, 일본왕개미 등의 왕개미속 개미들에게 기생한다.[98] 기본적인 방법은 사무라이개미와 비슷하다.

일본왕개미의 둥지 부근에서 그것의 일개미를 발견한 가시개미(화보 7페이지)의 암개미는 그 것의 목을 물고 늘어져 움직이지 못하도록 만든다. 그러면 신기하게도 일개미가 점차 저항을 하지 않게 된다. 그렇게 들러붙은 채로 우선은 일본왕개미의 일개미의 냄새를 자신의 몸에 묻힌다. 그리고 둥지에 침입하는데, 이미 일본왕개미의 냄새가 몸에 배어 있으므로 공격을 덜 받게 된다. 이렇게 침입에 성공하면 일본왕개미 여왕의 목을 물고는 오랜 시간 그대로 여왕의 냄새를 자신의 몸으로 옮긴다. 이후 여왕을 죽이고 자신이 여왕이 된다.

사무라이개미의 경우와 마찬가지로, 가시개미의 암개미의 대부분은 일본왕개미의 둥지에 들어갈 때 그 일개미에게 들켜서 기생이 실패로 끝나는데, 그것은 마치 변장을 계속하며 건물에 들어가는 괴도의 침입 형태와 비슷하다.

양의 탈을 쓴 늑대

비교적 가까이에서 볼 수 있는 개미인 크토놀라시우스(*Chtho-nolasius*) 개미도 일시적 사회기생성을 가지는데, 기생방법이 재미있다. 숙주인 고동털개미의 둥지에 근접한 크토놀라시우스 암개미는 우선 가까이 있는 고동털개미의 일개미를 잡는다(화보 7페이지). 그 고동털개미를 죽이고 냄새를 몸에 묻힌 후 사체를 물고 고동털개미의 둥지 안으로 침입한다. 매우 살벌한 광경인데, 시각이 덜 발달되어 냄새로 무리를 구별하는 고동털개미의 다른 일개미 입장에서 보면, 동료가 걸어오는 것처럼 보인다. 그야말로 '양의 탈을 쓴 늑대'인 셈이다. 고동털개미의 둥지에 침입한 이 암개미는 고동털개미의 여왕을 죽이고 새로운 여왕이 될 수 있다.[99][100]

그러나 이 종도 침입할 때 고동털개미에게 들키는 경우가 많다. 또 둥지에 들어가는 것까지는 성공해도 고동털개미의 여왕에게 접근하기 전에 발각되기도 한다. 고동털개미의 여왕은 복잡하게 짜인 둥지의 깊숙한 곳에 있어서 기생에 성공하기란 참으로 어렵다. 이는 기생종에 대한 대항조치일지도 모른다.

실제로 크토놀라시우스 암개미가 날아다니는 계절에 고동털개미 둥지 안을 살펴보면, 죽임을 당하거나 잡혀서 책형(磔刑), 곧 모든 다리가 고동털개미의 일개미에게 물려서 당겨진 상태로 꼼짝할 수 없게 되는 형벌에 처해진 크토놀라시우스 암개미의 모습을 자주 접할 수 있다.

지금까지 이야기한 기생성 개미를 보면, 처음에 숙주의 여왕을 살해하는 것이 많다. 그러나 기생종의 새로운 여왕이 숙주의 여왕을 죽이지 않으면 숙주의 여왕도 알을 낳아 노동력이 점차 증가하게 되므로, 죽이지 않는 편이 낫지 않을까 하고 생각할런지도 모른다. 그러나 숙주의 여왕을 죽이면 숙주의 개미 알을 돌보지 않아도 되기 때문에, 숙주의 일개미가 가진 노동력을 기생종의 새끼들을 돌보게 하는 데에 집중시킬 수 있을 것이다.

자기 가축화

텔레우토미르멕스(*Teleutomyrmex*)라는 극히 희귀한 개미가 유럽의 알프스에 서식하고 있다. 이 개미는 주름개미의 한 종의 둥지 속에서 서식하는데, 주름개미 여왕의 등에 업혀서 생활한다. 그 개미의 여왕은 주름개미 여왕보다 상당히 작은데, 배를 부풀려서 많은 알을 계속 낳는다. 이 알과 유충은 같은 둥지에 있는 주름개미의 일개미가 기른다.[101][102]

이 개미의 흥미로운 점은 일개미가 없다는 것인데, 성장한 새끼는 날개가 있는 암개미나 수개미 중 하나가 된다. 사람 이외의 생물에서 진사회성은 계급의 존재에 의해서 정의되므로, 일개미도 없고 양육도 하지 않는 이 개미는 사회성을 상실한 개미라고도 할 수 있을 것이다.

새로 태어난 그 암개미는 둥지 내에서 형제에 해당하는 수개미와 짝짓기를 하고 다른 주름개미의 둥지를 찾아 날아간다. 숙주인 주름개미의 여왕에게 충분한 영양공급이 되지 않아서인지 텔레우토미르멕스가 기생하는 둥지에서는 주름개미의 일개미 수가 적고 둥지는 쇠락한다. 텔레우토미르멕스의 경우 과도한 기생이 자신들의 좁은 서식영역과 희소성에 영향을 주었는지도 모른다.

텔레우토미르멕스 개미와 비슷한 것으로 아네르가테스 아트라툴루스(*Anergates atratulus*)라는 북아메리카에서 서식하는 개미가 있는데, 이 역시 주름개미 무리에 기생한다.[86][94][103]

텔레우토미르멕스나 아네르가테스 아트라툴루스처럼 숙주에 완전히 의존하는 개미를 영속적 사회기생종이라고 한다. 이런 개미 중 다수가 여러 중요한 기능을 이미 상실한 경우가 많다. 그중에서도 뇌 등의 중추신경의 퇴화는 주목할 만하다. 기생에만 특화되어 있으면, 머리를 사용하지 않아도 되기 때문이다.

이런 퇴화는 가축화된 동물의 경우도 마찬가지이다. 조상이 멧돼지인 돼지는 인류의 오랜 역사를 거쳐 가축화된 결과, 뇌의 부피가 상당히 줄어들었다. 천적을 발견하는 섬세한 신경이나 먹이를 찾는 탐색 능력이 더 이상 필요하지 않은 탓일 것이다.

사람의 가축이나 농작물에 대한 관계는 사람이 그것들을 관리하고 있는 것이 아니라 반대로 지배당하고 있다는 전혀 다른 시각도 있다. 자신의 유전자를 대대손손 남기는 것이 생물의 지상 과제라고 보았을 때, 가축이나 농작물이 사람에게 그 일을 시키는 측면도 있기 때문이다. 물론 진지하게 받아들일 필요는 없지만, 텔레우토미르멕스를 먹여 살리는 주름개미를 생각하면 얼토당토않은 생각은 아닌 것 같다.

사회기생의 진화

조금 어려운 내용이지만, 사회기생의 마지막 이야기이니 읽어주기를 바란다.

사회기생에는 에머리의 법칙(Emery's Rule)이라는 것이 있다. 카를로 에머리(Carlo Emery)라는 이탈리아 개미학자가 제창한 법칙인데, 쉽게 말하면 숙주와 기생종은 공통의 조상에게서 분화된 가까운(근연) 관계라는 것이다.[97] 이런 관계는 개미처럼 무리 간의 교신(특히 화학물질을 이용한 것)이 고도화된 곤충의 경우에는 서로 가까운 관계일수록 기생생활, 즉 공동생활을 하기 쉬우므로 필연이라면 필연이다.

그리고 이런 현상은 사회기생종이 진화해온 길을 보여준다. 즉 기생개미는 그 숙주개미에서 진화한 것이다.

사회기생의 진화에서는 영역기원설이 가장 유력하다. 예를 들면, 같은 종의 개미가 영역 싸움을 할 때 이긴 쪽이 진 쪽의 유충과 번데기를 빼앗는다. 보통은 빼앗은 유충이나 번데기를 먹이로 삼지만, 이와는 달리 그것들이 성충이 되어서 둥지의 일꾼이 되는 경우도 있을 것이다.

꿀단지개미는 동종의 영역 싸움에서 진 상대 개미를 노예로 삼기도 하는데, 이는 적극적인 노예제도에 근접한 것이라고 볼 수도 있다. 실제로 꿀단지개미의 동속 종에는 사회기생종이 있다.[103]

그밖에도 같은 종이 지리적으로 격리되었다가 이후에 재회했을 때 어느 한쪽이 강한 성질을 가지고 있으면 나머지 한쪽이 침략을 당하기 쉬우며, 한 둥지에 여러 여왕들이 있는 다여왕제나 몇 개의 분기된 둥지를 가진 다둥지성에 의해서 동종 간의 싸움으로 이어지는 등 다양한 진화의 과정을 상상할 수 있다. 때로 복합적인 다양한 요인에 의해서 개미의 사회기생성이 진화한 것이리라.[104][105]

여기에서는 개미만 소개하고 있지만, 말벌이나 뒤영벌 등 몇몇 사회성 벌에서 사회기생이 관찰된다. 그런 경우에 다양한 진화 과정이 추측되는데, 대부분은 에머리의 법칙에 해당되는 것으로 밝혀졌다.

개미집의 식객

호의성 곤충

곤충 사회에 대한 소개의 마무리를 하면서 개미의 둥지에서 공생하는 곤충에 대해서 이야기하고자 한다. 실은 나의 전문 분야로 그리 알려지지 않은 연구 대상이지만, 흥미로운 면이 많기 때문에 지면을 할애한다.

대부분의 개미는 공격적이고 배타적이어서 둥지를 방어하는 데에 뛰어나다. 이는 반대로 말하면 일단 개미집에 들어가기만 하면 안전하다는 뜻이며, 둥지 안에는 개미들이 옮겨놓은 먹이와 개미의 유충 등 풍부한 식량이 있다.

지금까지 여러 가지 예를 들었듯이, 생물의 세계에서는 자원(먹이나 더 좋은 서식환경)이 있으면 반드시 그것을 노리는 자가 등장한다. 개미집처럼 먹이가 풍부하고 안전한 환경은 다양한 공생생물의 온상이 되어왔다.

일생의 한 시기 혹은 평생을 개미 사회에 의존하는 곤충들을 호의성(好蟻性) 곤충이라고 하는데, 전체적으로 보았을 때 10개의 목과 100개의 과 이상의 곤충 분류군에서 호의성을 발견할 수가 있다. 이처럼 수없이 많은 진화가 발생했으며 그 종수는 셀 수 없을 정도이다.[106][107][108] 대부분의 호의성 곤충은 크기가 개미와 같거나 더 작지만, 더러는 개미보다 훨씬 더 큰 것도 있다. 기본적으로 개미는 그 생물의 존재에 대해서 알아차리지 못하거나 둥지의 동료로 인식한다.

개미와 감각체제가 완전히 다른 인간에게 비유하기는 어렵지만, 집 안에 자신의 자식을 먹는 거대한 거미가 걸어다니고, 식탁에 앉아 있는 가족이 실은 생판 남인 정도를 넘어서 아예 다른 생물인 상황을 상상하면 이해가 될 수 있을 것이다. 여러 분류군의 곤충이 다양한 방식으로 진화했기 때문에 각종 행동과 개미의 관계도 실로 다양하다. 여기에서는 대표적인 예만 소개한다.

사진 93 고동털개미 둥지 안에 있던 개미집귀뚜라미. © 고마츠 다카시

도식기생

도식기생(盜食寄生)은 말하자면 훔쳐 먹는 행위를 말한다. 대표적인 것으로 개미집귀뚜라미(사진 93)가 있다. 몸길이가 3-5밀리미터 정도의 작은 귀뚜라미로 날개는 퇴화했으며, 어둡고 좁은 개미집의 생활에 특화되어 있다.

개미들은 입으로 먹이를 옮겨 운반하는데, 개미집귀뚜라미의 일부는 이 운반 과정에 끼어들어 먹이를 훔치게 된다. 더 진화한 종은 개미의 먹이 운반 신호를 따라하며 개미에게 직접 먹이를 요구한다.[109] 다만, 종에 따라서는 개미집에 있으면서 개미와의 접촉을 가급적 피하고 틈을 살펴서 개미의 먹이를 빼앗는 것도 있다.[110]

이것만으로도 호의성 곤충의 다양하고 복잡한 생태를 엿볼 수 있지만 여기에서 끝이 아니다. 반날개라는 작은 딱정벌레는 특히 호의성 종이 많은데, 반날개과에서만도 수십 차례나 호의성이 진화했다.

사진 94 강릉냄새개미가 옮기는 먹이를 훔쳐 먹는 *Homoeusa*. © 시마다 다쿠

당연히 생태도 다양성을 띠지만, 그중에서도 특히 도식기생종이 두드러진다.

호모에우사(*Homoeusa*) 무리는 풀개미아속 개미의 행렬을 왕복하며 먹이를 옮기는 개미가 나타나면 그 몸에 올라타서 둥지로 돌아갈 때까지 식사를 한다(사진 94). 풀개미아속 개미가 둥지에 다다르면 뛰어내려서 먹이를 운반하는 다음 개미를 찾는다.[111]

남아메리카의 군대개미 둥지에는 군대개미와 똑같이 생긴 반날개가 살고 있는데, 이들은 군대개미의 사냥에 같이 나선다(사진 95). 그리고 군대개미가 잡은 먹잇감을 가지고 돌아가기 위해서 분해할 때 먹이를 훔쳐 먹는다.

사진 95 *Eciton burchellii*(왼쪽)와 같이 사냥에 나서는 반날개(*Ecitophya simulans*)(오른쪽)(페루). ⓒ 시마다 다쿠

너무 많은 식객

개미의 둥지 내부와 그 주변에는 먹이 찌꺼기나 개미의 사체도 많이 쌓이는데, 이것을 전문으로 먹는 곤충도 있다. 곰개미처럼 큰 집을 짓는 무리에서는 그만큼 쓰레기도 많이 나오기 때문에 청소부 역할을 하는 호의성 곤충이 매우 많다.[112]

말레이시아의 지상 50미터 정도의 높은 나무에는 노란가슴꼬리치레개미가 나무에 붙어서 사는 양치식물 안에 둥지를 만들어 생활한다. 그 둥지에는 프세우도아나플렉티니아 유모토이(*Pseudoanaplectinia yumotoi*)(사진 96)라는 5밀리미터 정도의 작은 바퀴벌레가 서식하며[113] 청소부 역할을 한다. 그런데 놀라운 것은 그 개체 수이다.

보통 호의성 곤충은 개체 수가 한 둥지당 개미 수의 수만-수백만 분의 1 이하 정도여서 개미 사회에 그리 큰 영향을 주지 않는다고 한다. 그런데 이 프세우도아나플렉티니아 유모토이는 개미를 포함

사진 96 *Pseudoanaplectinia yumotoi*(말레이시아). ⓒ 고마츠 다카시

한 둥지 내 생물 개체 수의 20퍼센트 정도를 차지한다.[114] 아직 연구된 바는 없으나, 아마도 어떤 상호작용이 있을 것 같다.

참고로 노란가슴꼬리치레개미의 둥지는 조사하기 어려운 너무 높은 장소에 있는 탓에 둥지 속의 공생자에 대해서도 거의 조사되지 못했다. 최근에는 풍뎅이과나 바구미과의 딱정벌레(사진 97) 중에서도 매우 특이한 신종이 발견되고 있다.[115][116]

호의성 곤충에 대한 전문가가 거의 없는 탓인지, 조사하기 어려운 장소에서뿐만 아니라 가까운 곳에서도 여전히 신종이 발견되고 있다.[117] 대부분은 지면에 있기 때문에 나는 개미집을 '발밑의 미답의 조사지'라고 부른다.[118]

사진 97 *Pycnotarsobrentus inuiae*(말레이시아)

집 안의 맹수

　개미의 둥지에 내 집처럼 들어앉아서 개미나 개미의 유충을 잡아 먹는 곤충 패거리도 적지 않다.

　개미꽃등에라는 꽃등에과의 파리 유충은 몸길이가 1센티미터 정도이며 반구형의 특이한 형태이다. 곤충으로 생각되지 않는 형태 때문에 처음에는 민달팽이의 일종으로 간주되었을 정도이다. 개미꽃등에 유충은 개미 유충의 방에서 살면서 그 유충이나 번데기를 먹는다(사진 98). 그것들은 개미집의 벽에 붙어서 아예 그 일부가 된다. 느릿느릿 '벽'이 움직이면서, 개미꽃등에 유충이 개미 유충을 먹

사진 98 고동털개미의 번데기를 먹는 개미꽃등에의 유충(왼쪽)과 성충(오른쪽).
© 고마츠 다카시

지만, 개미는 전혀 알아차리지 못한다.[119]

고운점박이푸른부전나비 유충에서는 개미가 좋아하는 화학물질
이 나오며(화보 8페이지), 어느 정도 크기가 되면 빗개미의 둥지로
옮겨진다. 고운점박이푸른부전나비 유충도 개미 유충을 먹지만, 개
미는 전혀 개의치 않는다.[120][121]

개미는 화학물질 외에 소리로 동료와 교신하는 것으로 알려져 있
는데, 고운점박이푸른부전나비 유충은 여왕개미가 내는 소리를 따
라하며 먹이를 공급받는다.[122]

동남 아시아에 있는 리피라 브라솔리스(*Liphyra brassolis*)라는 나
비의 유충(사진 99)은 베짜기개미라는 흉포한 개미의 둥지에 살면서
그 유충을 먹는다. 이 나비의 유충은 등 표면이 거북이 등껍질처럼
단단하고 매끄러워서 개미는 전혀 싸움 상대가 되지 않는다.[123]

사진 99　베짜기개미(*Oecophylla smaragdina*)의 둥지에 있는 *Liphyra brassolis*의 유충(말레이시아).　ⓒ 고마츠 다카시

사진 100　습격한 개미를 먹는 개미반날개속.　ⓒ 시마다 다쿠

　반날개 무리인 개미반날개속의 일종(사진 100)도 풀개미의 행렬 주변에서 생활한다. 기본적으로 개미의 사체를 먹지만, 배가 고프면 개미를 공격해서 먹어버린다. 크기는 개미와 같은 정도이지만, 그 모습은 마치 초식동물을 습격하는 사자와 같다. 풀개미의 머리가 연결된 목에 해당하는 부분을 물고 늘어져 신경을 끊어버리기 때문이다.[124] 개미의 강력한 큰턱으로 반격당하면 꼼짝도 할 수 없기 때문에 한방에 숨통을 끊는 효과적인 사냥방법을 취하는 것이다.

사진 101   개미로부터 먹이를
입으로 받아먹는 담흑부전나비
의 유충. ⓒ 고마츠 다카시

위장

앞에서 소개한 개미의 보물은 가장 개미와 사이가 좋은 호의성 곤충으로 끝없는 상리공생이라고 할 수 있지만, 상리공생이 성립하지 않더라도 개미가 적극적으로 수용하는 곤충도 있다. 이를 상애공생자(相愛共生者)라고 부른다.

어떤 종의 개미에게서 그런 예를 볼 수 있는데, 담흑부전나비의 유충은 일본왕개미의 둥지에서 입으로 먹이를 받아먹고 자란다(사진 101). 이 유충은 모습은 애벌레이지만, 일본왕개미의 수개미를 화학의태(化學擬態, chemical mimicry : 냄새 성분을 따라 내는 것)를 하

사진 102 빗개미의 둥지 안의 *Lomechusa sinuata*. © 시마다 다쿠

여 위장하고 있는 것이다.[125] 일본왕개미의 수개미는 성충이 되어 충
분히 성숙하면 둥지 밖으로 나가는데, 그 전에는 둥지 안에서 일개
미로부터 입으로 먹이를 받아 먹으면서 생활한다. 큰턱이 발달하지
않은 그 수개미는 자력으로 먹이를 먹을 수 없기 때문이다. 즉 일본
왕개미는 담흑부전나비의 유충을 스스로 먹이를 먹지 못하는 동료
수개미라고 착각하고 계속 먹이를 주는 것이다.

　로메쿠사 시누아타(*Lomechusa sinuata*)라는 반날개는 곰개미의 둥
지에 살면서 개미로부터 입으로 먹이를 받아먹는다(사진 102). 이것
의 유충은 개미의 유충과 똑같은 모습을 하고 있지만, 개미의 유충
보다 먹이를 요구하는 데에 능숙해서, 개미가 로메쿠사 시누아타의
유충을 우선적으로 키우는 결과를 낳게 된다.[126][127]

이 종의 흥미로운 점은 성충은 봄부터 늦여름까지 곰개미의 둥지에서 생활하고 번식하는데, 새로 날개가 난 성충은 빗개미의 둥지로 이동하여 월동을 하고 봄이 되면 곰개미의 둥지로 되돌아온다는 점이다.[128]

곰개미는 둥지의 규모가 커서 잘 번식하지만, 저온에 약해서 가을이 되면 활동을 멈춘다. 빗개미는 저온에 강해서 한겨울을 제외하고는 모두 활동하므로, 빗개미 둥지에서는 늦가을까지도 먹이를 얻을 수 있다. 이듬해 봄의 산란에 대비하여 충분한 영양을 취할 수 있는 것이다.

생물의 이동 중에서 조류의 이동은 대표적인 것인데, 이동 이유는 여행지에서 식량자원을 확보하기 위해서라고 생각한다. 그 점에서 로메쿠사 시누아타의 이동은 조류의 이동과 같은 목적을 가진 행동이라고 할 수 있다. 봄에 곰개미의 둥지 안을 살펴보면, 침입에 실패해서 먹이가 된 로메쿠사 시누아타의 잔해가 종종 발견된다. 둥지에 들어가서 개미 사회에 편입되면 쾌적한 생활이 가능하지만, 기생성 개미가 숙주의 둥지에 침입할 때 그 성공 확률이 낮듯이 그것은 쉬운 일이 아니다.

가족과 비슷하게 생긴 손님

앞에서 이야기했듯이, 개미둥지는 어둡기 때문에 개미는 화학물질에 의존해서 동료들 간에 교신을 주고받는다. 개미 둥지에서 공생하는 곤충도 기본적으로는 이런 개미의 교신 체제를 채용하여 화학 의태를 이용한다. 그러나 개미와 관계가 밀접해지면 화학신호를 흉내내는 것만으로는 개미 둥지에 편입되지 못하는 경우가 있다. 따라서 이들 중에는 몸 전체나 일부를 개미와 비슷하게 만드는 생물도 있다. 이것을 '바스만 의태(Wasmannian mimicry)'라고 하는데, 개미의 둥지에서 사는 곤충에 대한 전문가인 오스트리아의 에리히 바스만(Erich Wasmann)이 개미와 똑같이 생긴 호의성 곤충에 대해서 제창한 의태 양식이다.[129]

구체적으로는 아이닉투스에게 도움을 받는 반날개의 무리 중에는 개미와 똑같이 생긴 것이 있다. 그 반날개는 개미 둥지가 이사를 할 때 개미의 행렬에 섞여서 나가는데, 개미는 올라갈 수 있어도 반날개가 올라가지 못하는 장소가 나타나면 다친 개미인 척하면서 더듬이 부분을 다른 개미가 물어서 옮겨주도록 한다(화보 8페이지).[130] 이때의 모습뿐만 아니라 자신을 옮겨달라고 부탁하는 모습까지 개미와 흡사해서, 개미는 만질 때나 옮길 때의 감촉으로 이 반날개를 둥지의 동료라고 판단하게 된다.

그리고 곤충은 아니지만, 개미의 몸 표면에 기생하는 진드기는 대개 표면 구조가 개미와 비슷하다(사진 103). 개미가 동료들끼리 몸을 접촉할 때 들키지 않기 위한 방법으로 보인다. 몸의 일부분이기는 하지만, 이것도 바스만 의태의 한 예라고 할 수 있다.

그러나 본래 개미를 싫어하는 포식자가 많기 때문에 개미와 비슷한 모습을 보이는 것이 베이츠 의태인 경우도 있다. 실제로 개미와

사진 103 *Eciton burchellii*의 병정개미의 큰턱 안쪽에만 기생하는 *Mesostigmata*아목의 진드기(*Cirocylliba* sp.). © 고마츠 다카시

흡사한 노린재의 유충(사진 104)이나 거미에게서 베이츠 의태의 효과를 볼 수 있다고 한다.[131]

그러나 여기에서 소개한 반날개는 보통 어두운 둥지 안에서 생활하며, 너무 작아서 시각이 발달한 포식자가 노릴 만한 생물도 아니기 때문에 베이츠 의태는 아니다.

그밖에도 호의성 곤충은 많기 때문에 전부 소개하지는 못한다. 앞에서 소개한 세 가지 생활양식에 해당하지 않거나 반대로 여러 가지 생활양식에 두루 해당되는 곤충도 있어서 상당히 복잡하다. 어쨌든 흥미로운 연구 대상인 것만은 확실하다.

사진 104 털표주박장님노린재의 한
종인 *Pilophorus* sp.의 유충(아래).
© 고마츠 다카시

성충이 되어도 성장

자원이 있으면 그것을 노리는 자가 존재한다는 원리는 거대한 둥
지를 만드는 흰개미에게도 적용되어 흰개미 둥지에도 여러 공생곤충
들이 있다. 이것들을 호백의성(好白蟻性) 곤충이라고 한다.

최근에 내가 발표한 것 중에서 재미있는 곤충은 이리오모테 섬과
이시가키 섬에 서식하는 타이완흰개미가 만드는 균원에서 발견된 테
르미톡세니나이아과(Termitoxeniinae)의 파리이다. 이 파리도 바스만
의태의 하나로 볼 수 있을 것 같다. 성숙한 성충은 희고 퉁퉁하게 살
찐 배 부분을 가지고 있어서 마치 흰개미처럼 보인다. 언뜻 보면 파리
같지 않다. 흰개미는 이 파리를 자신들의 유충처럼 소중하게 다룬다.

사진 105 마메다누키노미바에. ⓒ 시마다 다쿠

일본에서는 2008년에 처음 발견되었는데, 이때는 무려 새로운 한 속의 신종을 포함하여 4개 속의 4종이 발견되었다. 모든 종이 너무 흥미로운 모습을 보였기 때문에, 나는 그중의 한 종을 요괴 '마메다누키(콩너구리)'에 빗대어 '마메다누키노미바에'(사진 105)라고 이름 지었다.[132] 이 테르미톡세니나이가 재미있는 점은 '날개가 난 이후의 성장'이라는 특이한 현상을 볼 수 있다는 사실이다.

통상 파리를 포함한 완전 변태 곤충은 번데기에서 성충이 된 시점에서 성장이 완전히 멈춘다. 적어도 외골격은 성장하지 않는다. 그러나 이 테르미톡세니나이 무리는 다르다. 날개가 난 성충은 보통의 파리와 같은 모습으로 날아다닐 수 있는데, 어떤 둥지를 거처로 정한 후에는 날개를 잘라버린다. 그리고 균원 속에서 생활하면서 점차 배 부분이 부풀어오르고 머리 부분이 자라고 다리가 굵어지는 등의 성장을 한다.[133][134]

이 파리 이외에 흰개미에게 의존하는 반날개도 날개가 난 후에 성장하는 것으로 알려져 있으며, 똑같은 성장 과정을 보인다.[135] 흰개미와 공생하기 위한 적응적인 의미가 있을 것이다.

허물을 벗는 것과 동시에 성장하는 것이 곤충을 포함한 절지동물의 일반적인 성장 과정이지만, 정말이지 곤충에게 기존의 개념은 통용되지 않는다.

제4장

인간과의 관계

인간이 만든 곤충

의복과 가축과 곤충의 진화

도롱이벌레 부분에서 잠시 이야기했듯이, 사람은 벌거벗은 동물이다. 진화를 거듭한 끝에 지금은 집과 의복 없이는 살기가 어렵다. 사람의 체모 감소와 의복 착용의 관계에 대해서는 여러 가지 설이 있는데, 지금도 결론은 나지 않았다. 어느 쪽이 먼저일까?

사람의 몸에 사는 대표적인 기생성 곤충으로는 다듬이벌레목의 이와 사면발이가 있으며, 둘 다 사람의 피를 빨아 먹으며 산다. 이는 머리카락에 사는 머릿니와 옷에 사는 옷엣니라는 두 아종(亞種)으로 분화했다. 두 아종은 인공적으로 교배시킬 수는 있지만, 형태적, 생태적으로 각각 머리카락과 옷에 적응했다. 이처럼 다른 종이 진화할 정도이니, 사람이 옷을 입은 역사가 오래된 것은 확실하다. [1][2]

또 의복이 인류 문화의 한 부분이라고 한다면, 이러한 벌레는 사람의 문화가 새롭게 만든 곤충이라고도 할 수 있다.

마찬가지로 돼짓니라는 돼지의 몸에 기생하는 이도 있다. 돼지가 가축이 된 역사도 오래되었다. 약 1만 년 전쯤 유라시아 대륙에서 인간이 멧돼지를 사육하게 된 후로 점차 현재의 돼지 형태에 가까워

사진 106 멧돼짓니

지게 되었다고 한다.

돼지에 기생하는 돼짓니는 멧돼지에 붙어 사는 멧돼짓니(사진 106)
와 가까운데, 멧돼지에 비해서 체모가 적은 돼지에 특화되었다. 이
역시 사람이 만들어낸 곤충이라고 할 수 있지만, 종 분화의 역사로
보면 1만 년은 그리 오래된 것도 아니다.[3]

그외에도 솟니, 작은솟니, 아프리카염솟니 등의 이가 존재한다.

불과 1,500년

태평양 한가운데에 있는 하와이 제도는 섬이 형성된 이후에 한번
도 대륙과 연결되었던 적이 없다. 이러함 섬을 해양섬이라고 부른

다. 해양섬 중에서도 갈라파고스 제도는 특히 유명하며, 일본의 오가사와라 제도도 마찬가지이지만, 섬 고유의 생물들이 많다. 그런 생물은 먼 조상이 해류나 바람을 타고 우연히 섬에 도달하게 되어 다양한 종으로 나뉜 듯한 사례가 많다. 그리고 한 가지 좁은 분류군이 하나의 섬이나 주변의 섬들에서 다수의 종으로 갈라진 것도 있다.

하와이의 곤충은 플라기트미수스(*Plagithmysus*)나 초파리, 자벌레나방의 여러 속 등의 몇몇 분류군이 다수의 종으로 분화한 것으로 유명하다. 벼포충나방이라는 나방의 한 속이 있는데, 하와이에는 23개의 고유 종이 서식하고 있다. 그중 5종은 바나나 잎만을 먹이로 삼는다. 바나나는 1,500년쯤 전에 폴리네시아 사람들이 가지고 와서 하와이에 심었다. 따라서 그 5종은 다른 식물을 먹던 종에서 1,500년 사이에 진화했음을 알 수 있다.[4]

앞에서 설명했듯이 진화란 통상 몇십만 년, 몇백만 년의 단위로 육안으로 식별할 수 있을 정도로 일어난다. 돼짓니도 특이한 사례이지만, 이 나방은 이례 중의 이례라고 볼 수 있다. 조건만 갖추어지면 이처럼 단기간에 진화가 일어난다는 것을 이 나방의 예를 통해서 알 수 있을 것이다.

어쩌면 우리가 알고 있는 곤충 중에서도 실은 최근에 사람의 활동에 따라서 다른 종에서 분화된 것이 있을지도 모른다.

곤충에 의한 감염증

인구의 반감

곤충을 통한 감염증은 지금도 세계적으로 맹위를 떨치고 있다. 사람과 곤충의 관계는 오래되었지만, 현재도 문제가 되고 있기 때문에 여기에서는 조금 상세하게 소개하겠다.

역사적으로 가장 주목해야 할 사건은 14세기에 유럽에서 유행한 페스트일 것이다. 페스트는 쥐에 기생하는 열대쥐벼룩(사진 107)을 중심으로 한 벼룩이 옮긴다. 벼룩은 벼룩목의 완전 변태 곤충으로 개나 고양이에게서도 자주 볼 수 있는 고양이벼룩이 유명하다. 페스트는 세 가지 유형이 있는데, '흑사병(黑死病, black death)'이라는 별명대로 혈액에 들어가서 패혈증을 일으키면 온몸에 검은 점이 생긴다. 무서운 병으로 지금도 치사율이 상당히 높다.

14세기에 페스트가 크게 유행했을 때, 유럽에서는 전 인구의 3분의 1 정도가 사망했다고 한다. 당시 유럽은 장원제였으므로, 농노의 부족이 유럽 사회에 큰 영향을 주었다.[5]

페스트는 세계적으로 종종 유행하여 19세기의 인도와 중국에서 다수의 사망자를 발생시켰고 일본에서도 소규모이지만 유행한 적이 있었다.

페스트 감염을 예방하려면 벼룩의 숙주인 쥐를 퇴치하는 것이 중요한데, 야생의 쥐에게도 페스트를 옮길 수 있는 벼룩이 있는 지역에서는 퇴치가 불가능하다. 최근에는 그런 지역에도 인간들이 진출

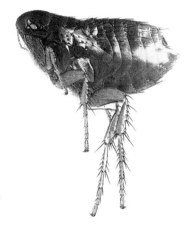

사진 107 쥐에 기생하는 벼룩의 한 종.
© 가메사와 히로무

해서 아프리카를 중심으로 페스트가 유행하는 일이 다시 늘어나고 있다. 페스트라고 하면 과거에나 유행하던 병이라고 생각하지만, 1994년에도 인도에서 발생하여 수천 명의 감염자가 생긴 것을 보면, 결코 그렇게 치부할 수는 없을 것이다.

일본 각지에도 열대쥐벼룩이 서식하고 있어서 만약 페스트균이 들어온다면, 어디에선가 페스트가 발생할 가능성도 전혀 없지는 않을 것이다.

수면병의 공포

나는 카메룬의 숲 속에서 쭈그리고 앉아서 볼일을 보다가 복사뼈에 날카로운 통증을 느낀 적이 있었다. 살펴보니 눈이 뱅글뱅글 돌아가는 귀여운 파리가 내 복사뼈에 주둥이를 박고 있었다.

사진 108 저자를 쏜 체체파리의 한 종인
Glossina sp.의 표본(카메룬)

이렇게 하여 나는 체체파리(사진 108)와 처음으로 만나게 되었다.
그때는 '왜 이렇게 아플까?' 하는 의문을 가졌던 동시에 '수면병(아
프리카 수면병)'이라는 병명이 머리를 스쳤다. 그후 두 번이나 더 물
리면서 얼마 동안은 수면병의 발병에 대한 걱정으로 전전긍긍하기
도 했다.

체체파리는 아프리카의 열대지역에 널리 분포하는 흡혈성 파리로,
체체파리과에 속하며 앞에서 소개한 양이파리와 가까운 무리이다.
몸길이는 1센티미터 정도이며 주사바늘 같은 주둥이를 가지고 있어
서 쏘이면 그야말로 두꺼운 바늘에 찔린 듯이 아프다.[6]

통상 흡혈성의 곤충은 상대방에게 들키지 않고 장시간 피를 빨기
위해서 통증을 주지 않도록 진화되었다. 기껏해야 따끔한 정도가

보통이어서, 처음에는 대체 '이 통증은 뭐지?' 하는 의문이 내게 생겼던 것이다.

아마도 사람이 주된 흡혈 대상이 아니고 사람보다 더 피부가 두꺼운 대형 짐승이 그 대상이었기 때문에 그런 현상이 일어났던 것 같다. 보통의 파리와 달리, 손을 저어도, 만져도 전혀 도망치려고 하지 않는 것도 인상적이었다. 대형 동물이나 새에 붙어서 그것들이 떨어뜨리려고 해도 들러붙어 있도록 진화했기 때문일 것이다.

무엇보다도 체체파리는 '수면병'을 옮기는 파리로 유명하며, 트리파노소마(*trypanosoma*)라는 원충에 의해서 옮는데, 처음에는 발열과 두통 등의 증상이 나타난다. 증상이 진행되면 정신질환을 일으키고 급기야 수면 주기가 깨지면서 혼수 상태에 빠지고 사망에까지 이르게 된다.[7]

감염증을 옮기는 흡혈성 파리

1,000년도 더 전에 중동과 아프리카 북부 일대에 광대한 이슬람 제국을 세운 아랍인들이 사하라 사막 이남을 정복하지 못한 것은 수면병 때문이라는 설이 있을 정도로 수면병은 사람들에게 지대한 영향을 미쳤다. 최근에는 지역에 따라서 이미 '잊혀진 병'이 되었지만, 발병하게 되면 아직도 사람이나 가축에게 고통을 주는 무서운 병이다.

체체파리에게 물렸던 나는 당시에 일본에도 서식하는 파리매(사진

사진 109 파리매의 한
종. © 시마다 다쿠

109)라는 작은 파리에게도 물린 일이 있다. 크기는 2–3밀리미터로
작지만 이것 역시 아프리카에서는 무서운 병을 옮긴다. 사상충증(絲
狀蟲症)이라고 하는데, 회선사상충(回旋絲狀蟲)이 몸속을 돌아다니
는 병이다. 운이 나쁘면 벌레가 시신경으로 들어가서 실명을 하기도
한다.

파리매는 유충 시기를 물속에서 보내기 때문에 성충도 강가에 많
다. 이 때문에 강 근처에 사는 사람들이 감염되는 경우가 많아서 '하
천 실명증'이라는 별명도 있다. 지금도 세계적으로 2,500만 명 이상
의 감염자가 있다고 한다.[8][9]

조사를 하던 중에 나는 체체파리에게 물린 것과 똑같은 통증을
느끼게 되어 서둘러 그 부분을 보니 1센티미터 정도의 등에과 대모
등에붙이의 한 종(사진 110)이 나의 피를 빨고 있었다. 체체파리가
아니라는 사실에 안도하고 피를 빨도록 두었는데, 이 역시 귀국 후
에 조사해보니 한 대형 기생충을 옮긴다는 것을 알고는 등이 오싹
해졌다.[10]

사진 110 대모등에붙
이의 한 종인 *Chry-sops* sp.(말레이시아).
© 고마츠 다카시

사진 111 눈 밑에 점처
럼 보이는 것이 초파리.
© 시마다 다쿠

아프리카에서는 이와 같이 수많은 흡혈성 파리들이 감염증을 옮
기는 위험한 존재가 되고 있다.

일본에서는 모기를 제외하고 파리목 곤충으로 인한 감염증은 거
의 나타나지 않지만, 사람의 눈으로 날아드는 작은 초파리(사진
111)가 동양안충(東洋眼蟲)이라는 기생충을 옮기는 것으로 알려져
있다. 본래는 개 등에 기생하는 기생충인데, 사람도 감염되므로 주
의해야 한다.

사진 112 왕침노린재의 한 종인 *Rhodnius prolixus*(페루). © 고마츠 다카시

샤가스 병

남아메리카에 가면 침노린재과의 여러 종의 노린재(사진 112)가 흡혈성을 가지고 있는데, 샤가스 병(Chagas' disease, 일명 브라질 수면병)이라는 무서운 병을 옮긴다. 이 병은 침노린재의 입을 통해서 감염되는 것이 아니라, 피를 빠는 침노린재가 누는 똥에 들어 있는 트리파노소마의 한 종에 의해서 감염되는데, 잠든 사이에 사람이 물린 상처를 비비면 감염된다.[11][12]

샤가스 병이 무서운 것은 자각증상도 없고 수십 년이라는 오랜 세월을 거쳐서 심근증이나 심장비대 등 치명적인 증상을 일으키며 죽음에 이르게 하기 때문이다. 남아메리카의 가난한 지역에서 많이 발

사진 113 Phlebotominae의 한 종인 *Lutzomyia* sp.(페루). © 고마츠 다카시

생하며, 유행지역에서는 감염원에 관한 지식이 부족하다.

내가 페루의 아마존 지역의 깊은 곳에서 전등 불빛에 모여드는 곤충들을 채집하고 있던 밤에 문제의 침노린재가 여러 마리 날아왔다. 내가 묵던 거처는 침노린재가 서식하기에 너무나 적합한 허름한 건물이었기 때문에 매일 밤 나는 가슴을 졸여야 했다.

일본에서도 남아메리카에서 온 노동자가 헌혈한 혈액에서 병원체를 발견한 일이 있다. 무엇보다도 자각증상이 없으므로 다수의 감염자가 일본에 있을 가능성이 있다(나도 그중 한 명일지도 모른다).

남아메리카에서는 리슈만편모충증(Leishmaniasis)이라고 하는 또다른 트리파노소마에 의한 병이 있는데, 이것은 플레보토미나이 (Phlebotominae)(사진 113)라는 나방파리과의 크기가 작은 모기가 옮긴다. 인도나 아프리카에서도 발병했으며, 유형에 따라서 심한 피부병을 일으키거나 내장 질환의 원인이 되기도 한다.[13][14] 이 모기는 돌진하듯이 날아와서 갑자기 쏜다. 보통의 흡혈성 모기보다 작지만, 물리면 따끔한 통증을 느끼게 된다.

이와 같은 파리나 침노린재가 옮기는 감염증이 무서운 점은 예방약이 개발되지 않았다는 데에 있다. 상황에 따라서는 치료조차 어려운 경우도 적지 않다.

가장 두려워해야 할 흡혈곤충

병을 옮기는 곤충들 가운데에서 가장 두려워해야 할 것은 파리목 모기과의 모기이다. "모기에 물린 것쯤이야"라고 말하듯이 모기에게 물려도 대부분의 경우에는 일회성의 아픔밖에 없지만, 그것들이 옮기는 병의 위력을 알면 등골이 오싹해질 수밖에 없다.

사실상 세계적으로 야생동물에 의한 감염으로 인한 사람의 사망 원인 가운데 1위가 바로 모기가 옮기는 감염증이다. 사망자 수는 살인(2위)보다도 훨씬 더 많다고 한다.

그 감염증 중에서도 학질모기(사진 114)가 옮기는 말라리아에 가장 주목해야 할 것이다. 퇴치에 성공한 지역도 있지만, 모기를 통해서 사람에게서 사람으로 전염되는 힘이 강해서 아프리카나 동남 아시아, 남아메리카를 중심으로 하여 아직도 존재하는 병이다.

이것도 원충에 의한 감염증으로 발열이 주로 나타나는 증상인데,

사진 114 학질
모기의 한 종인
Anopheles sp.(말레
이시아). © 고마츠
다카시

몇 가지 유형이 있다. 증상이 심하면 발병 이후 단기간에 사망에 이르기도 한다.[15]

내가 자주 방문하는 타이의 조사지역에서도 그곳을 찾은 식물학자가 악성 말라리아로 사망했다는 이야기를 들은 적이 있다. 나처럼 열대에서 조사연구를 시행하는 사람에게는 피부로 느껴지는 공포이다.

일본에서도 옛날에 학질(瘧疾)이라고 하여 무서워했던 병 중의 하나가 바로 말라리아이다. 비교적 최근까지도 홋카이도에서부터 오키나와에 이르기까지 학질이 토착했던 역사가 있으며, 오카나와의 한 섬에서는 말라리아로 인해서 한 마을이 사라진 예도 적지 않다.[16][17]

그외에 뎅기열, 일본뇌염, 반크로프트사상충증 등 모기가 옮기는 감염증은 수없이 많다. 다행히 나는 아직 어떤 병도 발병하지 않았지만, 흡혈성 곤충이 어떤 감염증을 일으키는지는 새삼 주의해야 할 것이다.

파리가 원인이 되는 질병의 예에서 보듯이 아프리카에는 이런 병들이 많다. 인간의 역사가 긴 만큼 사람, 흡혈곤충, 원충과 기생충의 삼자관계는 오래 전부터 계속되어왔을 것이다.

이러한 무서운 병에 감염되거나 발병하지 않으려면, 이 책에서 거론한 벌레에 물리지 않도록 주의하는 수밖에 없지만, 곤충학자로서의 지식을 가지고 있고, 되도록이면 짧은 기간 머물며 곤충에 물리지 않도록 주의를 기울였던 나조차도 온갖 벌레들에게 물렸다.

아직도 그런 전염병의 유행이 계속되고 있는 지역들이 있지만, 나는 그 질병을 종식시키기가 얼마나 어려운지를 개인적인 체험으로도 충분히 이해할 수 있었다.

일본에서는 더 무서워하는 진드기

참고로 나는 곤충이 옮기는 무서운 감염증에는 걸린 적이 없지만, 참진드기 무리(사진 115)가 옮기는 리케치아증(Rickettsiose)이라는 병에 걸려 원인을 알 수 없는 고열로 꽤 고생한 기억이 있다.

최근에는 SFTS(중증 열성혈소판 감소증후군)라는 높은 치사율의 병이 발견되어 주목의 대상이 되었는데, 감염증이라는 점에서 보면 일본에서는 곤충보다도 진드기(참진드기나 쯔쯔가무시 무리)가 훨씬 더 무섭다.

널리 알려지지는 않았지만, 일본에는 무서운 진드기 매개성 뇌염도 존재한다. 유럽에서 극동 러시아에 걸친 유행지역에 몇몇 유형이

사진 115 저자의 피를 빨고 있는 뭉뚝참진드기의 근연종(말레이시아)

존재하는데, 하나같이 치사율이 높은 데다가 치유되어도 심각한 후유증이 남기도 한다.

일본의 광범위한 지역에서는 쯔쯔가무시나 참진드기가 리케치아증이라는 병을 옮기고 있다. 춥거나 서늘한 지역에서는 참진드기가 옮기는 라임 병(Lyme disease)이라는 것도 있다. 이 역시 증상이 가볍지 않고, 치료가 늦으면 사망하는 일이 적지 않다.

최근에 일본 곳곳에서 사슴이나 멧돼지가 개체수가 늘어나면서 사람의 주거지에 출몰하는 일이 증가하고 있다. 이에 따라서 그것들에게 기생하는 참진드기류도 사람과 가까워졌으며 진드기에게 물릴 가능성도 커졌다고 해야 할 것이다. 특히 사슴은 비정상적으로 개체수가 증가하여 곳곳에서 심각한 환경 문제를 일으키고 있다. 이들 감염증의 예방책이라는 의미를 포함하여 구제 등 빠른 대책이 필요한 실정이다.

미움받는 벌레와 사랑받는 벌레

농업 피해

곤충이 감염증과 더불어 사람에게 가하는 위협은 농작물에 대한 피해이다. 농경이 시작된 이래 사람들이 농업 해충으로 인해서 골머리를 앓아온 것은 다양한 자료를 통해서도 명확히 알 수 있다.

농경이란 특정 식물을 한곳에 집중해서 심는 것이다. 그 식물을 먹이로 삼는 곤충은 그곳에서 먹이도 마음껏 먹고 자손도 원하는 대로 늘릴 수 있으니 그곳은 그야말로 천국일 것이다.

농경의 역사는 작물의 품종개량의 역사이자 불안정한 기후에 대한 공포, 그리고 해충과의 싸움의 역사라고 해도 과언이 아니다. 유명한 해충으로는 대규모로 발생하여 무리를 이루어 이동하면서 작물을 망치는 사막메뚜기와 풀무치(사진 116), 넓은날개애메뚜기가 있다. 특히 풀무치는 일본에서도 자주 대규모로 발생했다. 이들 메뚜기의 대규모 발생은 기근으로 이어지므로, 메뚜기 떼로 인한 피해에 대한 전문용어까지 등장할 정도이다.

일본인에게 가장 중요한 벼 농사 역시 오래 전부터 해충에게 시달려왔다. 특히 심각한 것은 이동하는 멸구 무리이다. 3-4밀리미터의 미세한 곤충이지만 대규모로 발생하여 부분적으로 벼를 말려 죽이거나 바이러스 병을 매개하기도 한다.

멸구가 성가신 것은 일본 국내에서는 발생을 막더라도 동남 아시아나 중국에서 매년 날아온다는 것이다. 최근에는 농약에 내성을

사진 116 풀무치. © 나가
시마 세이다이

가진 변이체가 외부에서 날아와 퇴치를 어렵게 하고 있다.[18][19]

화학 농약이 없던 시절에 일본에서는 고래의 지방에서 채취한 기름을 논에 뿌린 뒤에 멸구를 떨어뜨려 익사시키는 번거로운 퇴치법을 쓰기도 했다고 한다.

곤충으로 인한 농업 피해는 이뿐만이 아니다. 어디 농업뿐이겠는가? 임업에서도 다양한 곤충으로 인한 피해가 발생한다. 그래서 더 효과적인 농약을 개발하고 작물 자체가 살충물질을 가지도록 하는 유전자 조합 등의 방법이 동원되고 있는데, 벌레와의 술래잡기는 끝없이 계속될 듯하다.

일본에서 가장 위험한 야생동물

병을 옮기거나 농업에 피해를 주는 곤충 외에도 사람에게 해를 끼치는 곤충이 있다.

일본에서는 말벌에 쏘이는 사고가 상당히 많고, 그로 인한 사망

사진 117 장수말벌. ⓒ 나가
시마 세이다이

자 수는 독사나 곰 등 다른 야생동물의 추종을 불허한다. 사실상
일본에서 가장 위험한 동물인 셈이다. 말벌에 쏘였을 경우 문제는
알레르기 증상이 나타나는 것인데, 극히 단시간에 아나필락시스 쇼
크(anaphylactic shock)가 발생하면 호흡 곤란과 혈압 저하 등으로
위험한 상태에 빠지는 경우가 적지 않다.

　말벌은 짝짓기를 끝낸 암컷이 단독으로 월동을 하고 봄에는 집을
짓기 시작하는데, 가을이면 몇천 마리의 벌을 거느리게 된다. 그런
벌집을 자극했을 때 쏘이는 경우가 많다.

　그중에서 가장 크고 위험한 장수말벌(사진 117)은 먹이가 있는 장
소를 지키는 습성이 있다. 그 때문에 곤충 채집을 하다가 장수말벌
이 장수풍뎅이와 함께 수액을 지키고 있는 곳을 자극했다가 쏘이기
도 한다. 이런 종은 독 자체가 강력해서 알레르기가 없는 사람에게
도 심각한 증상을 일으킨다. 그밖에도 쌍살벌이나 호박벌도 둥지
를 자극하는 사람을 쏜다.

사진 118 청딱지개
미반날개. © 나가시
마 세이다이

우리 주변의 맹독성 곤충

말벌에게 쏘이는 것뿐만 아니라 쐐기에게 쏘이는 피해도 많다. 특히 공원 화단의 동백꽃 등에서 사는 아르나 프세우도콘스페르사(*Arna pseudoconspersa*)라는 독나방과의 나방 유충은 독침털이라는 주사기 모양의 독이 든 털을 가지고 있다. 그것이 피부에 닿으면 심한 염증을 일으킨다. 마찬가지로 쐐기나방과나 솔나방과의 유충 등 몇몇 우리 주변에서도 볼 수 있는 쐐기 중에는 피부에 닿으면 위험한 것들이 있지만, 대부분의 쐐기는 만져도 무해하므로 필요 이상으로 염려할 필요는 없다.

여름철에 문제가 되는 것은 전원지대에 많이 나타나는 청딱지개미반날개(사진 118)라는 반날개과의 딱정벌레로 빛에 모여드는 습성이 있다. 실수로 그것들을 잡았다가는 페데린(pederin)이라는 맹독을 가진 액체가 피부로 퍼져 심한 화상 형태의 염증을 일으킨다.[20] 이 때문에 '화상 벌레'라고도 한다. 이와 비슷한 증상을 일으키는 곤

사진 119 서양좀벌레. ⓒ 나가시 마 세이다이

충으로는 앞에서도 소개한 칸타리딘이라는 독을 가진 하늘소붙이 과의 딱정벌레 무리가 있으며, 램프 벌레라고도 한다.

집 안의 성가신 벌레들

그밖에도 다른 측면에서 인간에게 피해를 주는 곤충이 있다. 예를 들면, 애알락수시렁이라는 수시렁이과의 작은 딱정벌레는 옷을 파 먹어 구멍을 낸다. 누구나 스웨터에 구멍이 생겼던 경험이 한번쯤은 있지 않을까? 옷장에 방충제를 넣어두는 것은 이 벌레에 대비하는 방법 중의 하나이다.

그리고 가스트랄루스 임마르기나투스(*Gastrallus immarginatus*)라 는 권연벌레과의 딱정벌레와 동양좀벌레, 서양좀벌레(사진 119)라는 좀목의 딱정벌레는 책을 갉는 습성이 있어서 인간에게 피해를 준다.

사람이 저장해둔 곡식에 해를 끼치는 저곡해충(貯穀害蟲)이라고 하는 곤충도 있다. 쌀에 많이 발생하는 어리쌀바구미(사진 120)라

사진 120 어리쌀바구미. © 나가
시마 세이다이

사진 121 아르헨티나개미의 일개
미. © 시마다 다쿠

는 바구미과의 딱정벌레, 팥이 있는 곳을 맴도는 팥바구미라는 잎
벌레과의 딱정벌레 등이 개체수가 줄어들기는 했지만 비교적 우리에
게 가까이 있는 존재이다.

　최근에는 아르헨티나개미(사진 121)라는 외래종 개미가 일본 각지
에서 늘어나고 있다. 사람을 물지는 않지만 집에 들어와서 번식력이
강해서 불쾌감을 준다. 이 개미는 각지의 재래종 개미를 쫓아버린다
는 점에서도 문제가 많다.

바퀴벌레가 미움을 받는 이유

바퀴벌레 무리는 사람에게 가장 미움을 받는 곤충 중의 하나로

사진 122 무당벌레와 흡사한 바퀴벌레의 한 종인 *Prosoplecta* sp.(왼쪽)과 무당벌레의 한 종(필리핀)

그 이름만 들어도 비명을 지르는 사람도 있다. 분명히 병원균을 옮기는 것도 있지만, 지금 일본에서는 그런 점은 거의 문제가 되지 않는다. 불쌍하게도, 생긴 모양과 집에서 산다는 점에서 미움을 받는 것이다.

내가 생각건대 바퀴벌레에 대한 과잉반응은 어릴 때부터 각인된 면이 크다. 즉 부모가 바퀴벌레를 보고 난리를 치는 모습을 보면서 자란 아이도 무서운 벌레라고 치부하는 것이다. 부모의 언동에 의한 각인은 자식의 인격과 취향의 형성에 큰 영향을 주는데, 바퀴벌레 기피증은 그 좋은 예이다. 참고로 먹바퀴나 독일바퀴 등 여러 종의 바퀴벌레가 인간의 집에서 살고 있지만, 대부분의 바퀴벌레는 사람과는 무관한 산림에 서식한다. 따라서 "바퀴벌레는 싫어"라고 몰아서 치부하는 것은 바퀴벌레에 대한 실례이다.

사진 123 거대한 꼽등이인 왕하야시꼽등이. ⓒ 시마다 다쿠

물론 이렇게 말하는 나 역시 쐐기를 참으로 싫어해서 쐐기가 나오는 도감은 보는 것조차 고통스럽다. 그래서 바퀴벌레를 소름끼치게 싫어하는 사람의 심리도 이해할 수 있다.

참고로 동남 아시아에는 귀여운 곤충의 대표인 무당벌레와 똑같이 생긴 바퀴벌레(사진 122)가 있다. 무당벌레는 좋아하지만 바퀴벌레는 싫어하는 사람을 놀리는 듯이 말이다. 곤충은 늘 예상을 뛰어넘는 놀라움을 준다.

꼽등이(사진 123)라는 꼽등이과의 귀뚜라미 무리도 바퀴벌레와 마찬가지로 사람들의 미움을 받는다. 민가에서도 서식하지만, 지금은 그리 쉽게 찾아볼 수 없다.

꼽등이 같은 것은 전혀 피해를 주지 않지만, 보기에 흉측하다는 이유로 미움을 받는 불쌍한 벌레들이다. 물론 정작 당사자는 전혀

사진 124 누에의 성충과 누에고치

사진 125 양봉꿀벌의 일벌.
© 오쿠야마 세이이치

개의치 않을 테지만 말이다.

가축 곤충

사람과의 관계에서 볼 때, 곤충들 중에는 지금까지 이야기한 농업 해충이나 위생상의 해충, 보기에 불쾌한 해충들처럼 부정적인 영향을 주는 곤충들만이 존재하는 것이 아니다. 반대로 사람에게 이득을 주는 곤충도 많다. 특히 사람의 생활에 중요한 곤충은 누에(사진 124)와 양봉꿀벌(사진 125)이다. 각각 실과 꿀을 생산하는 데에 꼭 필요한 곤충이다.

사진 126　침이 없는 벌의 한 종인
Trigona sp.(말레이시아)

　누에는 곤충 중에서 유일하게 완전한 가축 곤충으로, 애벌레인
유충은 먹이를 찾아서 돌아다니지도 않으며 성충도 날 수가 없다.
따라서 야생에서 살기는 불가능하다. 누에를 키우는 것을 양잠(養
蠶)이라고 하는데, 양잠의 시작은 무려 5,000년 전으로 거슬러올라
간다. 원래는 일본에서도 서식하는 야생 나방을 중국에서 사육하면
서 품종을 개량한 것이라는 설이 유력하다.[21]

　한편 꿀을 생산하는 양봉꿀벌의 경우, 사람들은 야생의 벌집을
벌통에 넣어서 반야생 상태로 야외에서 사육한다. 즉 꿀벌은 야생
에서도 살아갈 수 있지만, 더 많은 꿀을 생산하도록 사람이 품종
개량을 진행하고 있는 것이다.

　일본에는 원래 일본꿀벌이라는 벌이 있는데, 때로 그것도 사육되
지만, 양봉꿀벌보다 관리하기 어려운 탓에 일반적이지는 않다. 열대
아시아나 남아메리카에서는 침이 없는 꿀벌(사진 126) 무리를 사육
하여 꿀을 채취하는 곳도 있다.

　꿀벌은 꿀 이외에도 이용 가치가 있다. 꿀벌이 꿀을 모을 때 꽃가
루를 옮겨주기 때문에 식물의 수정에도 큰 기여를 한다. 다만 원래

부터 일본에 서식하지 않았던 양봉꿀벌과 꽃을 찾아오는 재래종 벌과의 경쟁관계가 걱정거리가 되기도 한다.[22]

식용 곤충

때때로 곤충은 식품으로도 이용된다. 원래 인류의 조상은 꽤 오랫동안 곤충을 식량으로 삼은 것으로 추측되므로, 현대인이 곤충을 먹는다고 해도 이상할 것은 없다. 실제로 식용할 수 있는 곤충들도 많다.

앞에서 소개한 누에의 경우에도 비단을 뽑아낸 후에 남는 번데기를 먹는 곳이 있다. 라오스나 타이 북부 등지처럼 여전히 곤충을 중요한 식량원으로 이용하는 국가와 지역도 적지 않다.

일본에서는 전체적으로 메뚜기가 일반적이지만, 곤충을 즐겨 먹는 나가노 현이나 내륙지방에서는 다른 다양한 곤충들이 식용으로 이용된다.[23]

특히 유명한 땅벌의 유충에서는 형용하기 힘든 맛이 있다. 일벌에게 표시를 해둔 뒤에 추적하여 둥지를 찾아서 파내는 등의 사냥을 하여 그 유충을 즐기는 지역도 있다. 이런 지역에서는 벌의 유충이 고가에 거래되기도 한다.

그리고 수염치레각날도래라는 날도래목의 유충(사진 127)도 식용된다. 나가노 현의 일부에서는 계절에 맞추어 전문 사냥꾼이 생길 정도이다.

사진 127 수염치레각날도래의 유충(위)과 성충(아래). © 오쿠야마 세이이치

 그밖에도 많은 곤충이 식용되고 최근에는 이에 관심을 가지는 이들도 적지 않아서 전문 서적까지 나와 있다. 일부 서양인은 일본인이 문어를 먹는 모습을 놀란 눈으로 쳐다보는데, 곤충을 식용하는 것에 대해서 특별한 눈으로 바라보는 것도 이와 마찬가지로 편견일 것이다.

 그래도 '곤충을 먹다니 믿을 수 없어'라고 생각하는 사람들도 있을 것이다. 그러나 코치닐깍지벌레라는 남아메리카의 선인장에 서식하는 깍지벌레에서 얻는 천연색소는 다양한 식품에 이용되고 있으므로, 자기도 모르는 사이에 곤충을 먹고 있는 사람들도 많은 셈이다.

곤충을 사랑하는 마음

이집트의 스카라베처럼 신성시되는 경우는 특별한 예이지만, 남유럽의 매미나 무당벌레처럼 사람들이 그 모습에 애정을 가지는 곤충들도 있다.

일본인은 세계적으로 살펴보아도 곤충을 좋아하는 민족이다. 세계에서 가장 오래된 곤충소설로서 『쯔쯔미추나곤 이야기(堤中納言物語)』의 "벌레를 사랑하는 아가씨(虫めづる姫君)"와 같은 이야기가 있을 정도이다.

그리고 영국 출신으로 일본에 귀화한 작가, 고이즈미 야쿠모(小泉八雲, Patrick Lafcadio Hearn)는 일본인이 일상적으로 벌레 소리를 즐기는 사실에 주목했다.[24]

내가 어릴 때만 해도 도쿄에서 축제가 열리면 곤충을 파는 장이서서 방울벌레와 청귀뚜라미, 귀뚜라미를 비롯해서 우는[鳴]소리를내는 벌레들을 팔았다. 나의 할머니도 매년 방울벌레를 키우시며 그소리를 즐기셨다.

게다가 장수풍뎅이와 하늘가재 무리는 곤충을 좋아하는 아이들에게 최고의 놀이친구가 된다. 이전에는 여름방학이면 잠자리채를휘두르며 뛰어다니는 아이들이 많았고, 어디에서나 잠자리채를 파는 모습을 흔히 볼 수 있었다.

안타깝게도 이런 곤충에 대한 아이들의 흥미는 성장하면서 사라지는 경우가 많아서, 어른이 되어서까지 곤충을 쫓아다니는 사람은 느물나. 이 역시 무엇이든 주변 분위기를 따라가는 일본인의 습성일지도 모른다.

그리고 잔인하다고 여기는 분위기 탓인지 옛날처럼 여름방학 숙제로 곤충 표본을 제출하는 일도 줄어들었다. 그러나 한편으로 곤충을 사랑하는 사람들의 저변이 확대되고 있다. 주로 남성들만 가득하던 곤충 연구자 집단에서도 여성이 늘어나고 있으며, 단순히 취미로 곤충을 좋아하거나 소년 시절의 열정으로 되돌아가는 어른들도 많다.

곤충의 아름다운 모습에서 영감을 얻는 예술가들도 있으며, 곤충을 모티프로 한 작품을 전문적으로 창조하는 사람들도 적지 않다.

어른이 된 후에 곤충을 사랑하는 마음은 아마도 어린 시절의 정열과는 달리 일시적인 정도가 아닐 것이다. 고독하게 곤충에 대한 사랑을 불태워온 나로서는 동지들이 늘어난 듯하여 매우 기쁘다.

에필로그

나는 대학교 박물관의 교원이라는 직업 덕분에 일반인과 비전공 학생들을 대상으로 곤충에 대해서 설명하거나 화제로 삼는 경우가 많다.

곤충은 대단하다. 더 이상 표현할 길이 없으며, 이야기하려고 여러 가지를 생각하다 보면, 가슴이 뭉클할 때가 많다. 그러나 그것의 다양한 현상을 알면 알수록 그 현상을 짧은 시간에 설명할 수 없어서, 어중간한 이야기로 상대방의 지식을 편협하게 하는 것은 아닌지 늘 안타까웠다. 곤충에 관한 서적은 많지만 편하게 읽을거리로서 곤충 전반의 생물학적인 의미와 재미를 소개한 책은 최근에 거의 출판되지 않았다. 그래서 이 책에서는 내가 아는 지식과 의견을 포함하여 많은 사람들이 알았으면 하는 곤충에 관한 재미있는 내용을 골라서 소개했다.

이 책은 '곤충에 관심은 있지만 잘 모르겠다' 혹은 '곤충을 좋아하지는 않지만, 어떤 생물인지 알고 싶다'는 사람들의 마음을 상상하며 쓴 책이다.

곤충에게 더 친근감을 느낄 수 있도록 곳곳에 곤충과 우리 인간을 대비시켰다. 처음에 썼듯이, 곤충의 본능적인 행동과 인간의 학습에 따른 행동은 의미가 다르며, 곤충의 종 간의 관계와 인간의 개체 간, 집단 간의 관계는 전혀 다르다. 오해가 생기지 않도록 주의하며 썼는데, 다시 한번 확실히 하고 싶다.

어떤 학문이든 마찬가지이지만 곤충에 관한 연구도 점차 세분화되어 '곤충을 연구하는' 사람이라도 현재는 곤충 전반에 대해서 관심의 폭을 넓히는 사람은 많지 않다. 대개 자신의 전문 분야에 관계된 것만 연구하는 경우가 많고, 더러 '현상에는 흥미가 있어도 곤충에는 흥미가 없다'라며 얕은 학문적 지식을 변명하는 학자들도 있다.

나는 어릴 때부터 곤충을 좋아했고 지금도 해마다 꽤 긴 시간을 다양한 곤충의 관찰과 해외의 채집조사에 투자한다. 그 덕분인지 곤충의 전반적인 생태와 다양성에 관심을 가지게 되었다.

나의 전공 학문은 '분류학'이다. 이 책처럼 약간 전공에서 비껴난 책을 쓰는 것에 대해서 처음에는 거부감이 있었으나, 지금은 내 나름대로 야외에서 곤충을 관찰하는 관점에서 쓸 수 있다고 생각하고 싶다. 또 단순하게 과거의 연구를 소개하는 것만으로는 재미가 없으므로, 곤충과 사람을 대비하고 전체적으로 내 나름의 고찰을 가미했다. 특히 내가 취미로 관심을 가지고 있는 '의태'와 '뿔매미'에 대한 내용에는 일부 사견도 제시되었다.

너무 많은 현상을 다루게 되어서 전반적으로 얕은 소개가 되어버렸다. 상식적인 이야기는 생략했지만, 개개의 세세한 현상에 대해서는 최소한의 참고 문헌도 기재했다. 더 상세히 알고 싶은 사람들은 관련 논문과 서적을 찾아보면 좋겠다.

덧붙여 곤충이나 진화에 대해서 더 공부하고 싶은 사람들을 위해서 다음의 책을 소개한다.

이시이 미노루(石井 実) 등이 엮은 『일본 동물 대백과 8-10 곤충 I-III(日本動物大百科8-10 I-III)』은 일본의 곤충을 중심으로 개설한 책이다. 곤충 전체에 대해서 망라한 일본어 서적이 없으므로 많은 공부가 된다.

엔주 마사시(槐 真史)가 엮은 『일본의 곤충 1400 ①②(日本の昆虫 1400 ①②)』는 가까운 곳에서 볼 수 있는 곤충들을 엄선해서 보여주는 책으로, 곤충의 이름을 찾아볼 수 있는 도감으로 적합하다.

하세가와 마리코(長谷川 眞理子)가 지은 『진화란 무엇일까?(進化とはなんだろうか)』는 진화라는 현상에 관심이 있는 사람이라면, 더 깊이 이해하기 위해서 읽어보기를 바란다. 쉽게 쓰인 데다가 내용적으로도 공부에 도움이 된다.

부족한 원고 작성에 도움을 주신 여러 선생님들과 출판사 직원들에게 감사의 뜻을 전한다.

참고 문헌

제1장 어떻게 이렇게 다양할까?

(1) Novotny, V. et al. (2001) *Nature*, 416: 841-844.

(2) Costello, M. J. et al. (2013) *Science*, 339: 413-416.

(3) Holden, C. (1989) *Science*, 246: 754-756.

(4) Barrett, P. M. et al. (2008) *Zitteliana*, B28: 61-107.

(5) Wootton, R. J. (1981) *Annual Review of Entomology*, 26: 319-344.

(6) Ellington, C. P. (1991) *Advances in Insect Physiology*, 23: 171-210.

(7) Dawkins, R. (1976) *The Selfish Gene*. Oxford University Press, Oxford.

제2장 정교한 생활

(1) Farre, B. D. (1998) *Science*, 281: 555-559.

(2) Dussourd, D. E. & T. Eisner (1987) *Science*, 237: 898-901.

(3) Darling, D. C. (2007) *Biotropica*, 39: 555-558.

(4) Richard, A. M. (1983) *International Journal of Entomology*, 25: 11-41.

(5) Hirai, N & M. Ishii (2002) *Entomological Science*, 5: 153-159.

(6) Turlings, T. C. J. et al. (1990) *Science*, 250: 1251-1253.

(7) Turlings, T. C. J. et al. (1991) *Journal of Chemical Ecology*, 17: 2235-2251.

(8) Vet, L. E. M. & M. Dicke (1992) *Annual Review of Entomology*, 37: 141-172.

(9) Gouinguene, S. et al. (2001) *Chemoecology*, 11: 9-16.

(10) Verschaffelt, E. (1910) *Verslagen der Zittingen van de Wis-en Natuurkundige Afdeeling der Koninklijke Akademie van Wetenschappen te Amsterdam*, 19: 594-600.

(11) Blaakmeer A. et al. (1994) *Entomologia Experimentalis et Applicata*, 73: 175-182.

(12) Hartley, S. E. & J. H. Lawton (1992) *Journal of Animal Ecology*, 61: 113-119.

(13) 湯川淳一, 桝田長 (1996) 日本原色虫えい図鑑. 全国農村教育協会.

(14) 岩田久二雄 (1982) 本能の進化―蜂の比較習性学的研究. サイエンティスト社.

(15) Williams, F. X. (1956) *Annals of the Entomological Society of America*, 46:

447–466.

(16) Johnson, J. B. & K. S. Hagen (1981) *Nature*, 289: 506–507.

(17) Komatsu, T. (2014) *Insectes Sociaux*, 61: 203–205.

(18) Akre, R. D. & C. W. Rettenmeyer, (1966) *Journal of the Kansas Entomological Society*, 39: 745–782.

(19) Larsen, T. H. et. al. (2009) *Biology Letters*, 5: 152–155.

(20) Jacobson, E. (1911) *Tijdschrift voor Entomologie*, 54: 175–179.

(21) Sato, T. et al. (2012) *Ecology Letters*, 15: 786–793.

(22) Gal, R. et al. (2005) *Archives of Insect Biochemistry and Physiology*, 60: 198–208.

(23) Henne, D. C. & S. J. Johnson (2007) *Insects Sociaux*, 54: 150–153.

(24) Camhi, J. M. et al. (1978) *Journal of Comparative Physiology*, 128: 203–212.

(25) Patek, S. N. et al. (2006) *Proceedings of the National Academy of Sciences*, USA, 103: 12787–12792.

(26) Akino, T. et al, (2004) *Chemoecology*, 14: 165–174.

(27) Bates, H. W. (1863) *The Naturalist on the River Amazons*. J. Murray, London.

(28) Schulze, W. (1923) *The Philippine Journal of Science*, 23: 609–673, pls. 1–6.

(29) Müller, F. (1878) *Zoologischer Anzeiger*, 1: 54–55.

(30) Jacob, S. et al. (2002) *Nature Genetics*, 30: 175–179.

(31) Fabre, J. H. (1900) *Souvenirs entomologiques* Vol. 7. Librairie Delagrave, Paris.

(32) Kaissling, K–E. & E. Priesner (1970) *Naturwissenschaften*, 57: 23–28.

(33) Niemitz, C. & A. Krampe (1972) *Zeitschrift für Tierpsychologie*, 30: 456–463.

(34) Fabre, J. H. (1897) *Souvenirs entomologiques* Vol. 5. Librairie Delagrave, Paris.

(35) Lloyd, J. E. (1975) *Science*, 187: 452–453.

(36) Stanger, H. K. F. et al. (2007) *Molecular Phylogenetics and Evolution*, 45: 33–49.

(37) Eistner, T. et al. (1978) *Proceedings of the National Academy of Science of USA*, 75: 905–908.

(38) 井上亜古(1998)『オドリバエの求愛給餌』. インセクタリュム, 35: 4–9

(39) Eltringham, H. (1928) *Proceedings of the Royal Society of London*, Series B, 102: 327–334, pl. 22.

(40) Grootaert, P. et al. (1990) *International Congress of Dipterology*, Bratislava, Abstract Volume 79.

(41) Kessel, E. L. (1955) *Systematic Biology*, 4: 97–104.

(42) 三枝豊平(1978)「結婚の贈おくり物に風船を作ったハエ」.『アニマ』, 63: 33–36.

(43) Eisner, T. (1996) *Proceedings of the National Academy of Sciences*, USA, 93: 6499–6503.

(44) Hashimoto, K. & F. Hayashi (2014) *Entomological Science*, online.

(45) Caudell, A. N. (1908) *Entomological News*, 19: 44–45.

(46) Sakaluk, S. K. (2000) *Proceedings of the Royal Society of London*, Series B, 267: 339–344.

(47) Roeder, K. D. (1935) *Biological Bulletin*, 69: 203–219.

(48) Liske, E. (1991) *Zoological Journal of Physiology*, 95: 465–473.

(49) Sturn, H. (1992) *Zoologischer Anzeiger*, 228: 60–73.

(50) 堤千里 (1996)「イシノミ類」. 石井実ら編『日本動物大百科 8 昆虫』I: 56–59. 平凡社.

(51) Proctor, H. C. (1998) *Annual Review of Entomology*, 43: 153–174.

(52) Bryk, F. (1918) *Arkiv für Zoologie*, 11: 1–38.

(53) Bηrk, F. (1919) *Archiv für Naturgeschichte*, 85: 102–183.

(54) Koshio, C. (1997) *Applied Entomology and Zoology*, 32: 273–281.

(55) Hayashi, F. & K. Tsuchiya (2005) *Entomological Science*, 8: 245–252.

(56) Siva-Jothy, M. T. (1988) *Journal of Insect Behavior*, 1: 235–245.

(57) Michiels, N. K. (1989) *Odonatologica*, 18: 21–31.

(58) Siva-Jothy M. T. & Y. Tsubaki (1994) *Physiological Entomology*, 19: 363–366.

(59) Reinhardt, K. & M. T. Siva-Jothy (2007) *Annual Review of Entomology*, 52: 351–374.

(60) Morrow, E. H. & G. Amqvist (2003) *Proceedings of the Royal Society*, Series B, 270: 2377–2381.

(61) Reinhardt, K. et al. (2003) *Proceedings of the Royal Society*, Series B, 270: 2371–2375.

(62) Beani, L. et al. (2005) *Journal of Morphology*, 265: 291–303.

(63) Kamimura, Y. (2007) *Biology Letters*, 3: 401–404.

(64) Carayon, J. (1974) *Comptes Rendus de l'Academie des Sciences*, France, 278: 2803–2806.

(65) Levan, K. E. et al. (2009) *Journal of Evolutionary Biology*, 22: 60–70.

(66) Yoshizawa, K. et al. (2014) *Current Biology*, 24: online.

(67) Ichikawa, N. (1991) *Journal of Ethology*, 9: 25–29.

(68) Sota, T. & K. Kubota (1998) *Evolution*, 52: 1507–1513.

(69) Tatsuta, H. et al. (2007) *Biological Journal of the Linnean Society*, 90: 573–

581.

(70) Dixon, A. F. G. (1973) *The Biology of Aphids*. Edward Arnold, London.

(71) Blackman, R. L. (1979) *Biological Journal of the Linnean Society*, 11: 259–277.

(72) Silvestri, F. (1906) *Annali della Scuola Superiore di Agricoltura in Portici*, 6: 1–5.

(73) 岩淵喜久男 (1993)「多胚性寄生蜂の胚子発生」,『遺伝』, 47(10): 71–76.

(74) Veenendaal, R. L. (2011) *Nederlandse Faunistiche Mededelingen*, 35: 17–20.

(75) Yamane, S. (1973) *Kontyû*, 41: 194–202.

(76) Edwards, R. (1980) *Social Wasps Their Biology and Control*. Rentokil Ltd, East Grinstead, UK.

(77) Clausen, C. P. (1940) *Entomophagous Insects*. McGraw Hill, New York.

(78) Bohac, V. & J. R. Winkler (1964) *Book of Beetles*. Spring Books, London.

(79) Deleurance-Glaucon, S. (1963) Annales des Sciences Naturelles, *Zoologie*, 12: 1–172.

(80) Polilov, A. A. & R. Beutel (2009) *Arthropod Structure & Development*, 38: 247–270.

(81) Taylor, V. et al. (1982) *Tissue and Cell*, 14: 113–123.

(82) Bacetti, B. & E. DeConnick (1989) *Biology of the Cell*, 67: 185–191.

(83) Maruyama, M. (2012) *ZooKeys*, 254: 89–97.

(84) Howden, H. et al. (2007) *Zootaxa*, 1499: 47–59.

(85) Houston, T. F. (2011) *Australian Journal of Entomology*, 50: 164–173.

(86) Eisner, T. et al. (2001) *Chemoecology*, 11: 209–219.

(87) Dubois, R. (1885) *Comptes rendus de la Société biologique*, 8th ser., 2: 559–562.

(88) Harvey, E. N. (1916) *Science*, 44: 652–654.

(89) Hastings, J. W. (1983) *Journal of Molecular Evolution*, 19: 309–321.

(90) Richards, A. M. (1960) *Transactions of the Royal Society of New Zealand*, 88: 559–574, pls. 27–38.

(91) Kato, K. (1953) *The Science Reports of the Saitama University*, B1: 59–63.

(92) Redford, K. H. (1982) *Revista Brasileira de Zoologia*, 1: 31–34.

(93) Wood, T. K. (1993) *Annual Review of Entomology*, 38: 409–435.

(94) Wood, T. K. & G. K. Morris (1974) *Canadian Entomologist*, 106: 143–148.

(95) Funkhouser, W. D. (1921) *Science*, 54: 157.

(96) Wood, T. K. (1977) *Annals of the Entomological Society of America*, 70: 524–528.

(97) Mann, W. M. (1912) *Psyche*, 19: 145–147.

(98) Cheng, L. (1985) *Annual Review of Entomology*, 30: 111–134.

(99) Andersen, N. M. & L. Cheng (2004) *Oceanography and Marine Biology: an Annual Review*, 42: 119–180.

(100) Brower, L. P. (1977) *Natural History*, 87: 40–53.

(101) 山下善平 (1955)「イチモンジセセリの移動実態」.『植物防疫』, 9: 317–323.

(102) Miyashita, K. (1973) *Japanese Journal of Ecology*, 23: 251–253.

(103) Seino, H. et al. (1987) *Journal of Agricultural Meteorology*, 43: 203–208.

(104) Sogawa, K. (1995) *Bulletin of the Kyushu National Agricultural Experiment Station*, 28: 219–278.

(105) Adams, S. (1985) *Antenna*, 8: 58–61.

(106) Hinton, H. E. (1960) *Nature*, 188: 336–337.

(107) Sakurai, M. et al. (2008) *Proceedings of the National Academy of Sciences, USA*, 105: 5093–5098.

(108) Sugiura, S. & K. Yamazaki (2014) *Behavioral Ecology*, online.

(109) Tauber, C.A. et al. (2003) Neuroptera (Lacewings, Antlions). In: Resh, V. H. & R. Carde (eds.), *Encyclopedia of Insects*: 785–798. Academic Press, New York.

(110) Wade, J. S. (1922) *Canadian Entomologist*, 54: 145–149.

(111) Estes, A. M. et al. (2013) *PLoS ONE*, 8(11), e79061.

(112) Bornemissza, G. F. (1960) *Journal of the Australian Institute of Agricultural Science*, 26: 54–56.

(113) Bornemissza, G. F. (1970) *Australian Journal of Entomology*, 9: 31–41.

(114) Harris, W. V. (1956) *Insectes Sociaux*, 3: 261–268.

(115) Grigg, G. C. (1973) *Australian Journal of Zoology*, 21: 231–237.

(116) Korb, J. (2003) *Naturwissenschaften*, 90: 212–219.

(117) Wilson, E. O. (1971) *The Insect Societies*. Belknap Press, Cambridge.

(118) Keller, L. (1998) *Insectes Sociaux*, 45: 235–246.

(119) Rosengren, R. et al. (1987) *Annales Zoologici Fennici*, 24: 147–155.

(120) Horstmann, K. (1972) *Oecologia*, 8: 371–390.

(121) Horstmann, K. (1974) *Oecologia*, 15: 187–204.

(122) Gösswald, K. (1990) Die Waldameise. Band 2: Die Waldameise in Okosystem Wald, ihr Nutzen und ihre Hege. AULA-Verlag, Wiebelsheim, Germany.

제3장 사회생활

(1) Davidson D. W. et al. (2003) *Science*, 300: 969–972.

(2) Byrd, J. H. & J. L. Castner (2001) *Forensic Entomology: the Utility of Arthropods in Legal Investigations*. CRC Press, Boca Raton, Florida.

(3) Fabre, J. H. (1919) *The Glow-worm and Other Beetles* (tr AT de Mattos). Hodders & Stoughton, London.

(4) Milne, L. J. & M. Milne (1976) *Scientific American*, 235: 84−90.

(5) Scott, M. P. (1989) *Journal of Insect Behaviour*, 2: 133−137.

(6) Fetherston, I. A. et al. (1990) *Ethology*, 85: 177−190.

(7) Suzuki, S. (2000) *Entomological Science*, 4: 403−405.

(8) Tsukamoto, L. & S. Tojo (1992) *Journal of Ethology*, 10: 21−29.

(9) Hironaka, M. et al. (2001) *Zoological Science*, 20: 423−428.

(10) Nakahira, T. (1994) *Naturwissenschaften*, 81: 413−414.

(11) Hironaka, M. et al. (2005) *Ethology*, 111: 1089−1102.

(12) Filippi, L. et al. (2009) *Naturwissenschaften*, 96: 201−211.

(13) 立川周二 (1971)『東京農業大学農業集報』(創立 80周年記念論文集): 24−34.

(14) 立川周二 (1991)『日本産異翅半翅類の亜社会性 ： カメムシ類の親子関係』. 東京農業大学出版会.

(15) Suzuki, S. et al. (2005) *Journal of Ethology*, 23: 211−213.

(16) Wilson, E. O. (1958) *Evolution*, 12: 24−36.

(17) Schneirla, T. C. (1971) *Army Ants: a Study in Social Organization*. W. H. Freeman and Company. San Francisco.

(18) Gotwald, W. H. Jr. (1995) *Army Ants: the Biology of Social Predation*. Cornell University Press, Ithaca.

(19) Chapman, J. W. (1964) *The Philippine Journal of Science*, 93: 551−595.

(20) Schneirla, T. C. & A. Y. Reyes (1966) *Animal Behaviour*, 14: 132−148.

(21) Schneirla, T.C. & A.Y. Reyes (1969) *Animal Behaviour*, 17: 87−103.

(22) Hirosawa, H. et al. (2000) *Insectes Sociaux*, 47: 42−49.

(23) Raignier, A. & J. Van Boven (1955) *Annales du Musée Royal du Congo Belge*, ns 4° (Sciences Zoologiques), 2: 1−359.

(24) Rettenmeyer, C. W. (1963) *University of Kansas Science Bulletin*, 44: 281−465.

(25) Rettenmeyer, C. W. (1961) *University of Kansas Science Bulletin*, 42: 993−1066.

(26) Willis, E. & Y. Oniki (1978) Birds and Army Ants. *Annual Review of Ecology, and Systematics*, 9: 243−263.

(27) Rettenmeyer, C. W. et al. (2011) *Insectes Sociaux*, 58: 281−292.

(28) Bernard, F. (1968) *Les fourmis d'Europe occidentale et septentrionale*. Masson et Cie Editeurs. Paris.

(29) Taki, A. (1976) *Physiology and Ecology Japan*, 17: 503−512.

(30) Onoyama, K. & T. Abe (1982) *Japanese Journal of Ecology*, 32: 383−393.

(31) Dahan, H. et al. (2002) *Acta Ecologica Sinica*, 23: 1063−1070.

(32) Hölldobler, B. & E. O. Wilson (1990) *The Ants*. The Belknap Press of Harvard University Press, Cambridge.

(33) Mueller, U. G. (2002) *American Naturalist*, 160: S67−98.
(34) Mueller, U. G. et al. (2005) *Annual Review of Ecology, Evolution, and Systematics*, 36: 563−595.
(35) Matsumoto, T. (1976) *Oecologia*, 22, 153−178.
(36) Collins, N. M. (1983) In: Lee, J. A. et al (eds.), *Nitrogen as an Ecological Factor*: 381−412. Blackwell Scientific Publications, Oxford.
(37) Ihering, R. V. (1898) *Zoologischer Anzeiger*, 21: 238−245.
(38) Wheeler, W. M. (1907) *Bulletin of the American Museum of Natural History*, 23: 669−807.
(39) Piper, R. (2007) *Extraordinary Animals: An Encyclopedia of Curious and Unusual Animals*. Greenwood Press, Westport.
(40) Currie, C. R. et al. (1999) *Nature*, 398: 701−704.
(41) Rockwood, L. L. (1976) *Ecology*, 57: 48−61.
(42) Ballari, S. et al. (2007) *Journal of Insect Behavior*, 20: 87−98.
(43) Richard, F. J. et al. (2007) *Journal of Chemical Ecology*, 33: 2281−2292.
(44) Schultz T. R. & S. G. Brady (2008) *Proceedings of the National Academy of Sciences*, USA. 105: 5435−5440.
(45) Huber, J. (1905) *Biologisches Centralblatt*, 25: 606−619.
(46) Baker, J. M. (1963) *Symposia of the Society for General Microbiology*, 13: 232−265.
(47) Biedermann, P. H. & M. Taborsky (2011) *Proceedings of the National Academy of Sciences*, USA, 108: 17064−17069.
(48) Grebennikov, V. V. & R. A. Leschen (2010) *Entomological Science*, 13: 81−98.
(49) Fiala, B. et al. (1989) *Oecologia*, 79: 463−470.
(50) Fiala, B. et al. (1990) *Biological Journal of the Linnean Society*, 66: 305−331.
(51) Quek, S. P. et al. (2004) *Evolution*, 58: 554−570.
(52) Federle, W. et al. (1998) *Insectes Sociaux*, 45: 1−16.
(53) Nomura, M. et al. (2000) *Ecological Research*, 15: 1−11.
(54) Heckroth, H. P. et al. (1998) *Journal of Tropical Ecology*, 14: 427−443.
(55) Burtt, B. D. (1942) *Journal of Ecology*, 30: 65−146.
(56) Janzen, D. H. (1969) *Ecology*, 50: 147−153.
(57) Huxley, C. R. (1978) *New Phytologist*, 80: 231−268.
(58) Huxley, C. R. (1980) *Biological Reviews*, 55: 321−340.
(59) Ellis, A. G. & J. J. Midgley (1996) *Oecologia*, 106: 478−481.
(60) Voigt, D. & S. Gorb (2008) *The Journal of Experimental Biology*, 211: 2647−2657.

(61) Auclair, J. L. (1963) *Annual Review of Entomology*, 8: 439−490.

(62) Stadler, B. & A. F. Dixon (1998) *Journal of Animal Ecology*, 67: 454−459.

(63) Yao, I. et al. (2000) *Oikos*, 89: 3−10.

(64) Sakata, H. (1994) *Researches on Population Ecology*, 36: 45−51.

(65) Williams, D .J. (1978) *Bulletin of the British Museum, Natural History, Entomology Series*, 37: 1−72.

(66) Williams, D. J. (1998) *Bulletin of the British Museum, Natural History, Entomology Series*, 67: 1−64.

(67) Terayama, M. (1988) *Rostria*, 39: 643−648.

(68) Kishimoto Yamada, K. et al. (2005) *Journal of Natural History*, 39: 3501−3524.

(69) Bünzli, G. H. (1935) *Mitteilungen der Schweizerische Entomologische Gesellschaft*, 16: 453−593.

(70) Wheeler, W. M. (1935) *Journal of the New York Entomological Society*, 43: 321−329.

(71) Hardin, G. (1960) *Science*, 131: 1292−1297.

(72) 市川俊英, 上田恭一郎 (2010)『香川大学農学部学術報告』, 62: 39−58.

(73) Hongo, Y. (2003) *Behaviour*, 140: 501−517.

(74) Siva−Jothy, M. T. (1987) *Journal of Ethology*, 5: 165−172.

(75) Inoue, A. & E. Hasegawa (2013) *Journal of Ethology*, 31: 55−60.

(76) Hölldobler, B. & C. J. Lumsden (1980) *Science*, 210: 732−739.

(77) Lumsden, C. J. & B. Hölldobler (1983) *Journal of Theoretical Biology*, 100: 81−98.

(78) Hölldobler, B. (1981) *Behavioral Ecology and Sociobiology*, 9: 301−314.

(79) Hölldobler, B. (1982) *Oecologia*, 52: 208−213.

(80) Möglich, M. H. & G. D. Alpert (1979) *Behavioral Ecology and Sociobiology*, 6: 105−113.

(81) Gordon, D. M. (1988) *Oecologia*, 75: 114−118.

(82) Maschwitz, U. & E. Maschwitz (1974) *Oecologia*, 14: 289−294.

(83) Buschinger A. & U. Maschwitz (1984) In: Hermann, H. R. (ed.) *Defensive Mechanisms in Social Insects*: 95−150. Praeger, New York.

(84) Ono, M. et al. (1987) *Experientia*, 43: 1031−1032.

(85) Wheeler, W. M. (1910) *Ants: Their Structure, Development and Behavior* (Vol. 9). Columbia University Press, New York.

(86) Yano, M. (1911) *Psyche*, 18: 110−112.

(87) Hasegawa, E. & T. Yamaguchi (1994) *Insectes Sociaux*, 41: 279−289.

(88) Topoff, H. (1990) *American Scientist*, 78: 520−528.

(89) Topoff, H. et al. (1988) *Ethology*, 78: 209−218.

(90) Mori, A. et al. (1995) *Insectes Sociaux*, 42: 279−286.

(91) Tsuneoka, Y. (2008) *Journal of Ethology*, 26: 243−247.

(92) Tsuneoka, Y. & T. Akino (2012) *Chemoecology*, 22: 89−99.

(93) Creighton, W. S. (1950) *Bulletin of the Museum of Comparative Zoology*, 104: 1−585.

(94) Terayama, M. (1988) *Kontyû*, 56: 458.

(95) Kutter, H. (1923) *Revue suisse de Zoologie*, 30: 387−424.

(96) Emery, C. (1909) *Biologisches Centralblatt*, 29: 352−362.

(97) 邪場央基 (1963)『昆蟲』, 31: 200−209.

(98) Seifert, B. (1988) *Entomologische Abhandlungen Staatliches Museum für Tierkunde Dresden*. 51: 143−180.

(99) Dekoninck, W. et al. (2004) *Myrmecologische Nachrichten*, 6: 5−8.

(100) Kutter, H. (1950) *Mitteilungen der Schweizerischen Entomologischen Gesellschaft*, 23: 81−94.

(101) Stumper, R. (1951) *Mitteilungen der Schweizerischen Entomologischen Gesellschaft*, 24: 129−152 .

(102) Buschinger, A. (2009) *Myrmecological News*, 12: 219−235.

(103) Kronauer, D. J. C. et al. (2003) *Proceedings of the Royal Society of London*, Series B, 270: 805−810.

(104) Buschinger, A. (1970) *Naturwissenschaften*, 62: 239−240.

(105) Buschinger. A. (1990) *Journal of Zoological Systematics and Evolutionary Research*, 28: 241−260.

(106) Kistner, D. H. (1979) In: Hermann, H. R. (ed.), *Social Insects* Vol. 1: 339−413. Academic Press. New York.

(107) Kistner, D. H. (1982) In: Hermann, H. R. (ed.), *Social Insects* Vol III: 1−244. Academic Press. New York.

(108) Elmes, G. W. (1996) In: Lee, B. H. et al. (eds.), *Biodiversity Research and Its Perspectives in East Asia*: 33−48. Chonbuk National University, Korea.

(109) Wasmann, E. (1901) *Natur und Offenbarung*, 47: 24.

(110) Komatsu, T. et al. (2009) *Insectes Sociaux*, 56: 389−396.

(111) Quinet, Y. & J. M. Pasteels (1995) *Insectes Sociaux*, 42: 31−44.

(112) Donithorpe, H. (1927) *The Guests of British Ants, Their Habits and Life-Histories*. G. Routledge and Sons, London.

(113) Roth, L. M. (1995) *Psyche*, 102: 79−87.

(114) Inui, Y. et al. (2010) *Journal of Natural History*, 43: 19−20.

(115) Maruyama, M. (2010) *ZooKeys*, 34: 49−54.

(116) Maruyama, M. et al. (2014) *Zootaxa*, 3786: 73−78.

(117) 丸山宗利ら (2014)『アリの巣の生きもの図鑑』. 東海大学出版会.

(118) 丸山宗利 (2013)『アリの巣をめぐる冒険—未踏の調査地は足下に』. 東海大学出版会.

(119) Howard, R. W. et al. (1990) *Journal of the Kansas Entomological Society*, 63: 437–443.

(120) Frohawk, F. (1906) *The Entomologist*, 39: 145–147.

(121) Elmes, G. W. et al. (1991) *Journal of Zoology*, 223: 447–460.

(122) Thomas, J. A. et al. (2010) *Communicative & Integrative Biology*, 3: 169–171.

(123) Mann, W. M. (1920) *Annals of the Entomological Society of America*, 13: 60–69.

(124) Hölldobler, B. et al. (1981) *Psyche*, 88: 347–374.

(125) Hojo, M. K. et al. (2009) *Proceedings of the Royal Society*, Series B, 276: 551–558.

(126) Hölldobler, B. (1967) *Zeitschrift für vergleichende Physiologie*, 56: 1–21.

(127) Hölldobler, B. (1968) In: Herre, W. (ed.) *Verhandlungen der Deutschen Zoologischen Gesellschaft* (in Heidelberg, 1968) (Zoologischer Anzeiger Supplement, 31): 428–434.

(128) Hölldobler, B. (1970) *Zeitschrift für vergleichende Physiologie*, 66: 215–250.

(129) Wasmann, E. (1925) *Die Arneisenmimikry. Ein exakter Beitrag zum Mimikryproblem und zur Theorie der Anpassung*. Gebrueder Bortraager, Berlin.

(130) Maruyama, M. et al. (2009) *Sociobiology*, 54: 19–35.

(131] Oliveira, P. S. & I. Sazima (1984) *Biological Journal of the Linnean Society*, 22: 145–155.

(132) Maruyama, M. et al. (2010) *Entomological Science*, 14: 75–81.

(133) Wasmann, E. (1900) *Zoologische Jahrbücher. Abteilung für Anatomie*. 67: 599–617.

(134) Mergelsberg, O. (1935) *Zoologische Jahrbücher* (Anatomie), 60: 435–398.

(135) Seevers, C. H. (1957) *Fieldiana: Zoology*, 40: 1–334.

제4장 인간과의 관계

(1) Bacot, A. (1917) *Parasitology*, 9: 228–258.

(2) Maunder, J. W. (1983) *Proceedings of the Royal Institution of Great Britain*, 55: 1–31.

(3) Florence, L. (1921) *Cornell University Agricultural Experiment Station Memoir*, 51: 636–743.

(4) Zimmerman, E. C. (1960) *Evolution*, 14: 137–138.

(5) Buchanan, P. J. (2010) *The Death of the West: How Dying Populations and*

Immigrant Invasions Imperil Our Country and Civilization. St. Martin's Griffin, London.

(6) Rogers, D. J. et al. (1996) *Annals of Tropical Medicine and Parasitology*, 90: 225–241.

(7) Brun, R. et al. (2010) *The Lancet*, 375: 148–159.

(8) World Health Organization (1995) *WHO Technical Report Series*, 852: 1–112.

(9) Basáñez, M. G. et al. (2006) *PLoS Medicine*, 3: 1454–1460.

(10) Fine, A. (1969) *Annales de la Société Belge de Medecine Tropicale*, 49: 499–530.

(11) Usinger, R. (1944) *Public Health Bulletin*, 288: 1–83.

(12) Ryckman, R. E. (1981) *Bulletin of the Society for Vector Ecology*, 6: 167–169.

(13) Desjeux, P. (1991) *Rapport Trimestriel de Statistiques Sanitaires Mondiales*, 45: 267–275.

(14) Volf, P. et al. (2008) *Parasite*, 15: 237–243.

(15) 堀井俊宏 (2007)『学術月報』, 60: 217–223.

(16) 内務省衛生局 (1919)『各地方ニ於ケル「マラリア」ニ関スル概況』. 内務省衛生局.

(17) 澤田藤一郎 (1949)『日本内科學會雜誌』, 38: 1–14

(18) Matsumura, M. & S. Sanada-Morimura (2010) *JARQ*, 44: 225–230.

(19) Otsuka, A. et al. (2010) *Applied Entomology & Zoology*, 45: 259–266.

(20) Pavan, M. & G. Bo. (1953) *Physiologia Comparata et Oecologia*, 3: 307–312.

(21) Goldsmith, M. R. et al. (2005) *Annual Review of Entomology*, 50: 71–100.

(22) Kato, M. et al. (1999) *Researches on Population Ecology*, 41: 217–228.

(23) Fleagle, J. G. (1999) *Primate Adaptation and Evolution*. Academic Press, New York.

(24) Hearn, L. (1898) *Exotics and Retrospectives*. Ardent Media, Sheffield.